基于 ET 的黄河流域水资源综合管理技术体系研究

丁志宏　冯宇鹏　朱　琳　著

黄河水利出版社
·郑　州·

内 容 提 要

本书结合最严格水资源管理制度的实践新需求,深入剖析黄河流域现行的"八七"分水方案不足之处,从系统的角度出发,基于水量平衡基本方程,结合对地观测技术的进步,提出一个融合 ET 管理理念的、由地表水资源管理体系、ET 管理体系和地下水资源管理体系所组成的黄河流域水资源综合管理技术体系,对现行的以"八七"分水方案为主体框架的黄河流域水资源管理体系进行补充和完善,进而对该综合管理技术体系所涉及的若干重要问题进行深入界定、分析、研究和探讨,以期以新理念、新技术、新体系来助力流域水资源综合管理能力和管理效率的提升,为维系黄河健康生命、建设流域生态文明提供基础指导和技术参考,也为其他流域(区域)开展类似工作、有关机构开展类似研究提供借鉴。

本书可供从事水文水资源、水利工程、资源环境等领域的有关科技工作者和管理人员使用,也可供大专院校相关专业师生参考阅读。

图书在版编目(CIP)数据

基于 ET 的黄河流域水资源综合管理技术体系研究/
丁志宏,冯宇鹏,朱琳著. —郑州:黄河水利出版社,2018.8
ISBN 978 - 7 - 5509 - 2103 - 0

Ⅰ.①基… Ⅱ.①丁… ②冯… ③朱… Ⅲ.①黄河流域 – 水资源管理 – 研究 Ⅳ.①TV213.2

中国版本图书馆 CIP 数据核字(2018)第 184422 号

策划编辑:岳晓娟 电话:0371 – 66020903 E-mail:2250150882@ qq. com

出 版 社:黄河水利出版社　　　　　　　　　　　网址:www. yrcp. com
地址:河南省郑州市顺河路黄委会综合楼 14 层　　邮政编码:450003
发行单位:黄河水利出版社
发行部电话:0371 – 66026940、66020550、66028024、66022620(传真)
E-mail:hhslcbs@ 126. com
承印单位:河南新华印刷集团有限公司
开本:787 mm × 1 092 mm　1/16
印张:7.75
字数:179 千字　　　　　　　　　　印数:1—1 000
版次:2018 年 8 月第 1 版　　　　　印次:2018 年 8 月第 1 次印刷

定价:53. 00 元

前　言

　　水资源管理研究与实践工作的发展方向之一是集成化、系统化、精细化管理,随着现代对地观测技术如遥感、重力卫星等方面的长足进步,水资源管理研究与实践工作也正在向立体化、实时化、多维化方向前进。

　　在广泛参阅国内外相关的水资源管理研究和实践技术文献的基础上,本书从系统的观点出发,基于水量平衡基本方程,借鉴遥感监测 ET 等技术方法的科研成果,立足黄河流域现状水量分配与调度管理工作实践需求,系统地阐述了基于 ET 的黄河流域水资源综合管理技术体系的理论基础、实现途径、技术方法、监测指标、实施流程、保障措施、风险因素等,提出了水文时间序列多时间尺度分析的 CEEMDAN 方法,探讨了 Copula 函数方法在 ET 管理风险分析中的应用。

　　本书的研究视角、内容与现有的有关 ET 管理研究著作不同,不是在规划层面上论述 ET 的理论方法和技术应用,而是紧密结合黄河水量调度管理工作的实践改进需求,侧重于在水资源实时调度管理工作中来使用 ET 理论方法和技术模型,并将 ET 管理的理念、方法、技术与现行的黄河水资源调度管理体系相融合,提出构建基于 ET 的流域水资源综合管理技术体系,并研究和探讨其中的若干技术问题。具体成果可归纳如下:

　　(1)分析了黄河流域水资源时空分布特征,提出了水文时间序列多时间尺度分析的 CEEMDAN 方法,并将其应用于黄河源区年径流量多时间尺度变化研究,总结了黄河流域水资源现行管理与调度制度运行经验及其不足,进而从水文循环过程的角度出发,探讨了黄河流域现行水资源管理与调度制度效率有待提高的原因,引入 ET 管理的水资源管理新理念和新方法,以"耗水"管理代替"取水"管理,对现行的以"八七"分水方案为主体框架的黄河流域水资源管理体系进行补充和完善。

　　(2)在界定广义水资源概念的基础上,提出了 ET 管理的概念、内涵、本质、特点,进而从流域水循环基本方程出发,构建了一个基于 ET 的黄河流域水资源综合管理技术体系,分别包括地表水资源管理体系、ET 管理体系、地下水资源管理体系,并对 ET 管理体系的运作流程和实施 ET 管理所需解决的若干问题及其可能的解决途径进行了探讨,使水资源管理从单纯的河川径流管理进入水循环全过程管理,使水资源管理范畴扩展到广义水资源管理的范畴,实现全方位、全过程、全链条式管理,对促进黄河流域水资源管理工作具有积极推动作用。

　　(3)在深入探讨 ET 的有效性、有限性和可控性等基本属性的基础上,分析了目标 ET 的定义、内涵及其制定原则,讨论了现状 ET 计算的两种途径,阐述了区域现状 ET 调控的原理、理论、途径、方法,进而结合引黄平原灌区构建了一个灌区尺度上的 ET 管理体系的典型实施架构,探讨了基于 ET 的水资源综合管理技术体系在灌区这一较小空间尺度区域上运作的技术实现途径与方法,提出了实施 ET 管理的基本保障措施框架。

　　(4)在探讨与分析平原灌区水循环特点的基础上,构建了平原灌区"人工 – 天然"复合二元分布式水循环模型,并对宁夏平原灌区 1991~2000 年的分类与综合 ET 进行了计算和分析,为在宁夏平原灌区实施 ET 管理提供了计算基础和数据支撑。

(5)从系统与风险的新角度出发,运用 Copula 函数方法构建了卫宁灌区年降水量和年参考作物腾发量之间的联合概率分布函数,分析了其联合概率分布特征,给出了其不同重现期的等值线,为进行 ET 管理的不确定性分析提供了理论思路和技术支撑,也为灌区干旱风险以及农业节水潜力的定量评估提供了综合考虑降水量和参考作物腾发量耦合变异情况下的新的描述基准。

综上所述,本书的出发点和落脚点均是黄河水资源调度与管理工作实践,以问题为导向,以理念为引领,以系统为视角,以科技进步为依托,以补充和完善黄河流域现行水量分配与调度管理工作为主要目的,能够直接应用于水资源管理与调度实际工作,较好地体现了科学性、系统性、先进性、实践性的统一,对于促进流域水资源管理实践工作具有一定的指导作用,对于相关的水资源管理科学研究工作也具有一定的科学参考价值。

在本研究的开展过程中,先后得到了天津大学建筑工程学院、郑州大学水利与环境学院、黄河水利科学研究院、中国水利水电科学研究院水资源研究所、水利部水利水电规划设计总院、水利部海河水利委员会等单位的有关学者与专家所给予的热情指导和宝贵支持,在此一并表示衷心感谢。

三人行,必有吾师。限于作者的学术水平和研究能力,本书的内容肯定还存在着诸多不足之处,恳请广大读者和同行专家不吝斧正,相学相长。

作　者
2018 年 6 月

目　录

前　言

第 1 章　黄河流域水资源及其现行的管理调度制度 ………………………… （1）

　　1.1　黄河流域概况 ……………………………………………………… （1）

　　1.2　黄河水资源及其特点 ……………………………………………… （7）

　　1.3　黄河源区年径流量的多时间尺度变化特征 ……………………… （11）

　　1.4　黄河流域水资源的开发利用状况 ………………………………… （20）

　　1.5　黄河流域水资源管理现状 ………………………………………… （22）

　　1.6　黄河水量统一调度现状 …………………………………………… （24）

　　1.7　黄河水资源管理与水量统一调度存在的问题 …………………… （25）

　　1.8　黄河流域现行水资源管理与水量调度制度的不足之处 ………… （27）

　　1.9　本章小结 …………………………………………………………… （28）

第 2 章　基于 ET 的黄河流域水资源综合管理技术体系框架 ……………… （30）

　　2.1　广义水资源 ………………………………………………………… （30）

　　2.2　ET 管理的理念 ……………………………………………………… （32）

　　2.3　ET 管理的特点 ……………………………………………………… （36）

　　2.4　基于 ET 的黄河流域水资源综合管理技术体系 ………………… （43）

　　2.5　本章小结 …………………………………………………………… （46）

第 3 章　区域 ET 管理的系统环节及其方法 ………………………………… （47）

　　3.1　ET 的基本属性 ……………………………………………………… （47）

　　3.2　区域目标 ET 的理论与计算方法 ………………………………… （48）

　　3.3　区域现状 ET 的计算 ……………………………………………… （61）

　　3.4　区域现状 ET 的调控 ……………………………………………… （61）

　　3.5　ET 管理的典型架构体系 …………………………………………… （64）

　　3.6　实施 ET 管理的保障措施 ………………………………………… （67）

　　3.7　本章小结 …………………………………………………………… （76）

第 4 章　宁夏平原引黄灌区现状 ET 的分布式模拟 ………………………… （78）

　　4.1　平原区概况 ………………………………………………………… （78）

　　4.2　平原引黄灌区概况 ………………………………………………… （80）

　　4.3　平原灌区水循环特点 ……………………………………………… （83）

　　4.4　平原灌区二元复合水循环模型 …………………………………… （88）

　　4.5　本章小结 …………………………………………………………… （101）

第 5 章　灌区降水量与参考作物腾发量的联合分布特征 …………………… （102）

　　5.1　Copula 函数的基本理论 …………………………………………… （102）

5.2　Copula 函数描述水文变量之间相关性结构的可行性 …………………（104）

5.3　Copula 函数类型的选择 ……………………………………………（105）

5.4　参考作物腾发量计算的 Penman-Monteith 方法 …………………（106）

5.5　卫宁灌区降水量和参考作物腾发量的联合分布模型 ………………（107）

5.6　本章小结 ………………………………………………………………（111）

第 6 章　总结与展望 …………………………………………………………（112）

6.1　总结 ……………………………………………………………………（112）

6.2　研究展望 ………………………………………………………………（114）

参考文献 ………………………………………………………………………（115）

第 1 章　黄河流域水资源及其现行的管理调度制度

黄河是我国第二大河,干流全长 5 464 km,流域总面积(包括内流区)79.5 万 km²,流经青海、四川、甘肃、宁夏、内蒙古、陕西、山西、河南、山东等 9 省(自治区)。全河划分为兰州以上、兰州至头道拐、头道拐至龙门、龙门至三门峡、三门峡至花园口、花园口以下、黄河内流区等 7 个流域水资源二级分区。

1.1　黄河流域概况

1.1.1　自然地理

黄河是我国第二大河,位于东经 95°53′ ~ 119°05′,北纬 32°10′ ~ 41°50′。黄河发源于青藏高原巴颜喀拉山北麓的约古宗列盆地,自西向东,流经青海、四川、甘肃、宁夏、内蒙古、陕西、山西、河南、山东等 9 省(自治区),在山东省垦利县注入渤海,干流河道全长 5 464 km,流域总面积 79.5 万 km²(包括内流区 4.2 万 km²)。与其他江河不同,黄河流域上中游地区的面积占总面积的 97%;长达数百公里的黄河下游河床高于两岸地面,流域面积只占 3%。

内蒙古托克托县河口镇以上为黄河上游,干流河道长 3 472 km,流域面积 42.8 万 km²,汇入的较大支流(指流域面积 1 000 km² 以上的,下同)有 43 条。青海省玛多以上属河源段,河段内的扎陵湖、鄂陵湖海拔都在 4 260 m 以上,蓄水量分别为 47 亿 m³ 和 108 亿 m³。玛多至玛曲区间,黄河流经巴颜喀拉山与积石山之间的古盆地和低山丘陵,大部分河段河谷宽阔,间有几段峡谷。玛曲至龙羊峡区间,黄河流经高山峡谷,水流湍急,水力资源较为丰富。龙羊峡以上属高寒地区,人烟稀少,交通不便,经济不发达,开发条件较差。龙羊峡至宁夏境内的下河沿,川峡相间,水量丰沛,落差集中,是黄河水力资源的"富矿"区,也是全国重点开发建设的水电基地之一。黄河上游水面落差主要集中在玛多至下河沿河段,该河段干流长度占全河的 40.5%,而水面落差占全河的 66.6%。

下河沿至河口镇,黄河流经宁蒙高原,河道展宽,比降平缓,两岸分布着大面积的引黄灌区和待开发的干旱高地。本河段地处干旱地区,降水少,蒸发大,加上灌溉引水和河道渗漏损失,致使黄河水量沿程减少。兰州至河口镇区间的河谷盆地及河套平原,是甘肃、宁夏、内蒙古等省(自治区)经济开发的重点地区。沿河平原不同程度地存在洪水和凌汛灾害,特别是内蒙古三盛公以下河段,地处黄河自南向北流的顶端,凌汛期间冰塞、冰坝壅水,往往造成堤防决溢,危害较大。兰州以上地区暴雨强度较小,洪水洪峰流量不大,历时较长。兰州至河口镇河段洪峰流量沿程减小。

河口镇至河南郑州桃花峪为黄河中游,干流河道长 1 206 km,流域面积 34.4 万 km²,

汇入的较大支流有 30 条。河口镇至禹门口是黄河干流上最长的一段连续峡谷,水力资源很丰富,并且距电力负荷中心近,将成为黄河上第二个水电基地。禹门口至潼关简称小北干流,河长 132.5 km,河道宽浅散乱,冲淤变化剧烈。河段内有汾河、渭河两大支流相继汇入。该河段两岸是渭北及晋南黄土台塬,塬面高出河床数十至数百米,共有耕地 2 000多万亩(1 亩 = 1/15 hm^2),是陕、晋两省的重要农业区,但干旱缺水制约着经济的稳定发展。三门峡至桃花峪区间的小浪底以上,河道穿行于中条山和崤山之间,是黄河最后一段峡谷;小浪底以下河谷逐渐展宽,是黄河由山区进入平原的过渡地段。

黄河中游的黄土高原,水土流失极为严重,是黄河泥沙的主要来源地区。在进入三门峡站的 11.2 亿 t 泥沙中,主要来自河口镇以下,其中有 6.8 亿 t 左右来自河口镇至龙门区间,占来沙量的 61%;有 3.3 亿 t 来自龙门至三门峡区间,占来沙量的 30%。黄河中游的泥沙,年内分配十分集中,90% 以上的泥沙集中在汛期;年际变化悬殊,最大年输沙量是最小年输沙量的 13 倍。

桃花峪以下为黄河下游,干流河道长 786 km,流域面积 2.3 万 km^2,汇入的较大支流只有 3 条。下游河道是在长期排洪输沙的过程中淤积塑造形成的,河床普遍高出两岸地面。沿黄平原受黄河频繁泛滥的影响,形成以黄河为分水岭脊的特殊地形。目前,黄河下游河床已高出大堤背河地面 4 ~ 6 m,比两岸平原高出更多,严重威胁着广大平原地区的安全。

利津以下为黄河河口段,随着黄河入海口的淤积—延伸—摆动,入海流路相应地发生改道变迁。

1.1.2　地形地貌

黄河流域横跨青藏高原、内蒙古高原、黄土高原和华北平原四个地貌单元。流域地势西高东低,大致分为三个阶梯。

第一级阶梯是流域西部的青藏高原,位于著名的世界屋脊——青藏高原的东北部,海拔 3 000 ~ 5 000 m,有一系列的西北—东南向山脉,山顶常年积雪,冰川地貌发育。青海高原南沿的巴颜喀拉山绵延起伏,是黄河与长江的分水岭。祁连山脉横亘高原北缘,构成青海高原与内蒙古高原的分界。主峰高达 6 282 m 的阿尼玛卿山,耸立中部,是黄河流域最高点,山顶终年积雪。黄河河源区及其支流黑河、白河流域,地势平坦,多为草原、湖泊及沼泽。

第二级阶梯大致以太行山为东界,海拔 1 000 ~ 2 000 m。本区内白于山以北属内蒙古高原的一部分,包括黄河河套平原和鄂尔多斯高原,白于山以南为黄土高原、秦岭山地及太行山地。

河套平原西起宁夏下河沿,东至内蒙古托克托,长达 900 km,宽 30 ~ 50 km,海拔 900 ~ 1 200 m,地势平坦,土地肥沃,灌溉发达,是宁夏和内蒙古自治区的主要农业生产基地。河套平原北部的阴山山脉和西部的贺兰、狼山犹如一道屏障,阻挡着阿拉善高原的腾格里、乌兰布和巴丹吉林等沙漠向黄河流域腹地的侵袭。

鄂尔多斯高原位于黄河河套以南,北、东、西三面被黄河环绕,南界长城,面积约为 13 万 km²,海拔 1 000 ~ 1 400 m,是一块近似方形的台状干燥剥蚀高原。高原内风沙地貌发育,北缘为库布齐沙漠,南部为毛乌素沙漠,河流稀少,盐碱湖众多。高原边缘地带是黄河粗泥沙的主要来源区之一。

黄土高原西起日月山,东至太行山,南靠秦岭,北抵鄂尔多斯高原,海拔 1 000 ~ 2 000 m,是世界上最大的黄土分布地区。地貌类型有黄土塬、梁、峁、沟等。黄土高原地表起伏变化剧烈,相对高差大,黄土层深厚,组织疏松,地形破碎,植被稀少,水土流失严重,是黄河中游洪水和泥沙的主要来源地区。黄土高原中的汾渭盆地,系地堑式构造盆地,经黄土堆积与河流冲积而成。汾渭盆地地面平坦,土地肥沃,灌溉历史悠久,是晋、陕两省的富庶地区。

横亘黄土高原南部的秦岭山脉,是我国亚热带和暖温带的南北分界线,也是黄河与长江的分水岭,对于夏季来自南方的暖湿气流、冬季来自偏北方向的寒冷气流,均有巨大的障碍作用。耸立在黄土高原与华北平原之间的太行山,是黄河流域与海河流域的分水岭,也是华北地区一条重要的自然地理分界线。本区流域周界的伏牛山、外方山及太行山等高大山脉,是来自东南海洋暖湿气流深入黄河中上游地区的屏障,对黄河流域及我国西部的气候都有影响。由于这一地区的地表对水汽抬升有利,暴雨强度大,产流汇流条件好,是黄河中游洪水主要来源之一。

第三级阶梯自太行山以东至滨海,由黄河下游冲积平原和鲁中丘陵组成。黄河下游冲积平原是华北平原的重要组成部分,面积达 25 万 km²,海拔多在 100 m 以下。本区以黄河河道为分水岭,黄河以北属海河流域,黄河以南属淮河流域。区内地面坡度平缓,排水不畅,洪、涝、旱、碱灾害严重。鲁中丘陵由泰山、鲁山和沂蒙山组成。一般海拔在200 ~ 500 m,少数山地在 1 000 m 以上。

1.1.3　气候气象

黄河流域位于我国北中部,幅员辽阔,山脉众多,东西高低悬殊,各区地貌差异也很大。又由于流域处于中纬度地带,受大气环流和季风环流影响的情况比较复杂,因此流域内不同地区气候的差异显著,气候要素的年、季间的变化大,东南部基本属湿润气候,中部属半干旱气候,西北部为干旱气候。

流域的日照条件在全国范围内属于充足的区域,全年日照时数一般达 2 000 ~ 3 300 h,全年日照百分率大多在 50% ~ 75%,仅次于日照最充足的柴达木盆地,而较黄河以南的长江流域广大地区普遍偏多 1 倍左右。年日照时数以青海高原为最高,大部分在 3 000 h 以上,其余地区一般在 2 200 ~ 2 800 h。

流域的太阳总辐射量在全国介于中间状况,北纬 37°以北地区和东经 103°以西的高原地带,为 130 ~ 160 kcal/(cm²·a);其余大部分地区为 110 ~ 130 kcal/(cm²·a)。虽然不及国内西南部,但普遍多于东北地区和黄河以南地区,尤其是青藏高原地区辐射较强,为我国辐射强区。

黄河流域气温的年较差比较大,总趋势是北纬 37°以北地区在 31 ~ 37 ℃,北纬 37°以南地区大多在 21 ~ 31 ℃。流域气温的日较差也比较大,尤其在中上游的高纬度地区,全年各季气温的日较差为 13 ~ 16.5 ℃,均处于国内的高值区或次高值区。流域内日平均气温≥10 ℃出现天数的分布,基本由东南向西北递减,最小为河源区,出现日数小于 10 d,积温接近于 0 ℃;最大为黄河中下游河谷平原地区,出现日数 230 d 左右,积温达 4 500 ℃以上。流域内日平均气温≤ - 10 ℃出现日数的分布,基本由东南向西北递增,最小的为黄河中下游河谷平原地带,最大的为河源区。黄河流域初霜日由北至南、从西向东逐步开始,并且同纬度的山区早于平原、河谷和沙漠。如黄河上游唐乃亥以上初霜日平均在 8 月中下旬,而黄河中下游一般在 10 月上中旬,流域其余地区在 9 月。流域终霜日迟早的分布特点与初霜日正好相反,黄河下游平原地区较早,平均在 3 月下旬,而上游唐乃亥以上地区则晚至 8 月上中旬,其余地区介于两者之间。

黄河流域冬季几乎全部在蒙古高压控制下,盛行偏北风,有少量雨雪,偶有沙暴;春季蒙古高压逐渐衰退;夏季主要在大陆热低压的范围内,盛行偏南风,水汽含量丰沛,降雨量较多;秋季秋高气爽,降水量开始减少。

黄河流域多年平均降水量 446 mm,总的趋势是由东南向西北递减,降水量最多的是流域东南部湿润半湿润地区,如秦岭、伏牛山及泰山一带年降水量达 800 ~ 1 000 mm;降水量最少的是流域北部的干旱地区,如宁蒙河套平原年降水量只有 200 mm 左右。流域大部分地区年降水量在 200 ~ 650 mm,中上游南部和下游地区多于 650 mm。尤其受地形影响较大的南界秦岭山脉北坡,其年降水量一般可达 700 ~ 1 000 mm,而深居内陆的西北宁夏、内蒙古部分地区,其年降水量却不足 150 mm。降水量分布不均,南北降雨量之比大于 5,这是我国其他河流所不及的。流域冬干春旱,夏秋多雨,其中 6 ~ 9 月降水量占全年的 70% 左右;盛夏 7 ~ 8 月降水量可占全年降水总量的 40% 以上。流域降水量的年际变化悬殊,年降水量的最大值与最小值之比为 1.7 ~ 7.5,变差系数 C_v 变化在 0.15 ~ 0.4。流域内大部分地区旱灾频繁,历史上曾经多次发生遍及数省、连续多年的严重旱灾,危害极大。

黄河流域水面蒸发量随气温、地形、地理位置等变化较大。兰州以上气温较低,年均水面蒸发量 790 mm;兰州至河口镇区间,气候干燥,降雨量少,多沙漠干旱草原,年均水面蒸发量 1 360 mm;河口镇至龙门区间,水面蒸发量变化不大,年均水面蒸发量 1 090 mm;龙门至三门峡区间面积大,范围广,从东到西,横跨 9 个经度,下垫面、气候条件变化较大,年均水面蒸发量 1 000 mm;三门峡到花园口区间年均水面蒸发量 1 060 mm;花园口以下黄河冲积平原年均水面蒸发量 990 mm。

1.1.4　河流水系

黄河干流河道全长 5 464 km,穿越青藏高原、内蒙古高原、黄土高原和华北平原等地貌单元,受地形地貌影响,河道蜿蜒曲折,素有“黄河九曲十八弯”之说。黄河流域支流众多,其中集水面积大于 1 000 km² 的一级支流有 76 条(上游 43 条,中游 30 条,下游 3 条),大于 1 万 km² 的一级支流有 10 条。黄河流域集水面积大于 1 万 km² 的一级支流基本特征值见表 1.1-1。

表 1.1-1　黄河流域集水面积大于 1 万 km² 的一级支流基本特征值

河流名称	集水面积（km²）	起点	终点	干流长度（km）	平均比降（‰）	多年平均径流量	
						把口站	径流量（亿 m³）
湟水	32 863	青海省海晏县洪呼日尼哈	甘肃省永靖县上车村	373.9	4.16	民和+享堂	49.48
洮河	25 227	青海省河南蒙古族自治县	甘肃省临洮县红旗乡沟门村	673.1	2.80	红旗	48.26
祖厉河	10 653	甘肃省通渭县华家岭	甘肃省靖远方家滩	224.1	1.92	靖远	1.53
渭河	134 766	甘肃省渭源县鸟鼠山	陕西省潼关县港口村	818.0	1.27	华县+氿头	89.89
清水河	14 481	宁夏原州区开城乡黑刺沟脑	宁夏中宁县泉眼山	320.2	1.49	泉眼山	2.02
大黑河	17 673	内蒙古卓资县十八台乡	内蒙古托克托县	235.9	1.42	三两	3.31
无定河	30 261	陕西省定边县	陕西省清涧县解家沟镇河口村	491.2	1.79	白家川	11.51
伊洛河	18 881	陕西省蓝田县	河南省巩义市巴家门	446.9	1.75	黑石关	28.32
汾河	39 471	山西省宁武县东寨镇	山西省河津市黄村乡柏底村	693.8	1.11	河津	18.47
沁河	13 532	山西省平遥县黑城村	河南省武陟县南贾村	485.1	2.16	武陟	13.00

注：多年平均径流量为 1956～2000 年系列均值。

1.1.5　土地资源

黄河流域土地资源丰富，光热资源匹配较好，在全国社会经济生态发展格局中占有重要的地位。黄河流域总土地面积 11.9 亿亩（含内流区），占全国国土面积的 8.3%，其中大部分为山区和丘陵，分别占流域面积的 40% 和 35%，平原区仅占 17%。由于地貌、气候和土壤的差异，形成了复杂多样的土地利用类型，不同地区土地利用情况差异很大，流域内共有耕地 2.44 亿亩，人均耕地 2.16 亩，约为全国农村人均耕地的 1.4 倍。大部分地区光热资源充足，农业生产发展潜力很大。流域内有林地 1.53 亿亩、牧草地 4.19 亿亩。林地主要分布在中下游，牧草地主要分布在上中游，林牧业发展前景广阔。全流域还有宜于开垦的荒地约 3 000 万亩，主要分布在黑山峡至河口镇区间的沿黄台地（约 2 000 万亩）和黄河河口三角洲地区（约 500 万亩），是我国开发条件较好的后备耕地资源。

此外，黄河下游河道两侧现有海河流域漳卫河平原区和徒骇马颊河平原区、淮河流域的淮河中游区、沂沭泗河区以及山东半岛沿海诸河等流域外的引黄灌区土地面积 6.56 万 km²，有效灌溉面积约 3 700 万亩，是全国最大的自流灌区，主要由黄河供水。

1.1.6　矿产资源

黄河流域矿产资源丰富,在全国已探明的 45 种主要矿产中,黄河流域有 37 种。具有全国性优势的有稀土、石膏、玻璃用石英岩、铌、煤、铝土矿、钼、耐火黏土等 8 种;具有地区性优势的有石油、天然气和芒硝 3 种;具有相对优势的有天然碱、硫铁矿、水泥用灰岩、钨、铜、岩金等 6 种。

黄河流域成矿条件多样,矿产资源既分布广泛,又相对集中,为开发利用提供了有利条件。流域内有兴海—玛沁—迭部区、西宁—兰州区、灵武—同心—石嘴山区、内蒙古河套地区、晋陕蒙接壤地区、晋中南地区、渭北区、豫西—焦作区及下游地区等 9 个资源集中区,可以形成各具特色和不同规模的生产基地,进行集约化开采利用。流域内有色金属矿产成分复杂,共生、伴生多种有益成分,综合开发利用潜力大。

黄河流域的能源资源十分丰富,中游地区的煤炭资源、中下游地区的石油和天然气资源,在全国占有极其重要的地位,被誉为我国的"能源流域"。已探明煤产地(或井田)685处,保有储量 4 492 亿 t,占全国煤炭储量的 46.5%,预测煤炭资源总储量约 1.5 万亿 t。黄河流域的煤炭资源主要分布在内蒙古、山西、陕西、宁夏 4 省(自治区),具有资源雄厚、分布集中、品种齐全、煤质优良、埋藏浅、易开发等特点。在全国已探明储量超过 100 亿 t 的 26 个煤田中,黄河流域有 11 个(宁夏鸳鸯湖—盐池煤田、内蒙古东胜煤田、准格尔煤田、山西大同煤田、宁武煤田、河东煤田、太原西山煤田、霍西煤田、沁水煤田、陕西黄陇煤田、陕北侏罗纪煤田)。流域内已探明的石油、天然气主要分布在胜利、中原、长庆和延长 4 个油区,储量分别为 41 亿 t 和 672 亿 m³,分别占全国总地质储量的 26.6% 和 9%,其中胜利油田是我国的第二大油田。

1.1.7　社会经济

黄河流域涉及青海、四川、甘肃、宁夏、内蒙古、陕西、山西、河南和山东 9 省(自治区)的 66 个市(地、州、盟)340 个县(市、旗、区),其中有 267 个县(市、旗、区)全部位于黄河流域,有 73 个县(市、旗、区)部分位于黄河流域。

黄河流域共有建制市 59 个,其中地级市 29 个,县级市 30 个。其中,特大城市 5 个,分别为兰州市、包头市、西安市、太原市和洛阳市;大城市 6 个,分别为西宁市、银川市、呼和浩特市、宝鸡市、咸阳市和泰安市;中等城市 13 个;小城市 35 个。

另外,黄河下游流域外的引黄灌区还涉及河南、山东两省的 15 个地市 75 个县(区),人口约 4 700 万人。

黄河流域总人口为 11 448 万人,占全国总人口的 8.5%,其中城镇人口为 5 293 万人,城镇化率为 46.2%。全流域人口密度为 144 人/km²,高于全国平均水平。流域内的人口空间分布不均,分布态势主要与当地的气候、地形、水资源和人口密集的城镇等条件密切相关,流域内 70% 左右的人口集中在龙门以下河段,而龙门以下河段的流域面积仅占全流域面积的 32% 左右。

黄河流域 2012 年国内生产总值为 3.59 万亿元,占全国 GDP 的 7% 左右,人均 GDP 为 3.14 万元。

黄河流域已初步形成了工业门类比较齐全的格局，建立了一批工业基地和新兴城市，为进一步发展流域经济奠定了基础，煤炭、电力、石油和天然气等能源工业，具有显著的优势。形成了以包头、太原等城市为中心的全国著名的钢铁生产基地和铝生产基地，以宁夏、内蒙古、山西、陕西、甘肃、河南等省（自治区）为中心的煤炭重化工生产基地，建成了我国著名的中原油田和胜利油田以及长庆和延长两个油气田。西安、太原、兰州等城市机械制造、冶金工业等也有很大发展。

黄河流域的农业生产具有悠久的历史，是我国农业经济开发最早的地区，河套平原、汾渭盆地和下游平原是我国重要的农业基地。黄河流域总耕地面积为 2.07 亿亩，有效灌溉面积 0.79 亿亩。黄河上中游地区还有宜农荒地约 3 000 万亩，占全国宜农荒地总量的 30%，是我国重要的后备耕地储备区域，只要水资源条件具备，开发潜力很大。

此外，黄河下游流域外的引黄灌区耕地面积约 5 764 万亩，农田有效灌溉面积约 3 700 万亩，是我国重要的粮棉油生产基地，多年来在保证豫鲁两省粮棉油稳产高产、天津市城市供水安全保障方面均发挥着重要作用。

黄河流域主要作物有小麦、玉米、谷子、棉花、油料、烟叶等，尤其是小麦、棉花等农产品在全国占有重要地位。主要农业基地多集中在平原及河谷盆地，广大山丘区的坡耕地粮食单产较低，人均粮食产量低于全国平均水平。据统计，2012 年黄河流域粮食总产量 4 371万 t，人均占有粮食 382 kg。

1.2　黄河水资源及其特点

1.2.1　黄河水资源

1.2.1.1　地表水资源量

黄河流域的地表水资源量是指河川径流量。以现代科学技术为基础的黄河水文观测始于 1919 年，当时在黄河干流的陕县和泺口设立了两处水文站。1933 年发生大洪水后，1934 年又在干流的兰州、包头、龙门等地设立水文站，为黄河年径流量的分析研究提供了条件。从 1944 年开始，已先后有黄河年径流量的成果提出。

从黄河流域年径流深等值线来看，黄河流域水资源的地区分布很不均匀，由南向北呈递减趋势。大致西起吉迈，过积石山，到大夏河、洮河，沿渭河干流至汾河与沁河的分水岭一线以南，主要是山地，植被较好，年平均降水量大于 600 mm，年径流深在 100 ~ 200 mm 以上，是黄河流域水资源较丰沛的地区。流域北部，经皋兰、海原、同心、定边到包头一线以北，气候干燥，年降水量小于 300 mm，年径流深在 10 mm 以下，是黄河流域水资源最贫乏的地区。在以上两条线之间的广大黄土高原地区，年降水量一般为 400 ~ 500 mm，年径流深只有 25 ~ 50 mm，水土流失严重，是黄河泥沙的主要来源区。

根据 1919 ~ 1975 年的 56 年系列资料统计，黄河花园口站多年平均实测径流量为 470 亿 m^3，多年平均天然径流量为 559 亿 m^3。计入花园口以下支流金堤河、天然文岩渠、大汶河的天然年径流量约 21 亿 m^3,黄河流域多年平均天然径流总量约为 580 亿 m^3。

根据 2002 年开展的全国水资源规划工作的统一要求,水资源调查评价的时段为 1956～2000 年,经资料一致性处理后,黄河流域多年平均河川天然径流量 534.8 亿 m^3(利津断面),相应径流深 71.1 mm。

黄河流域河川水资源的主要特点如下:

(1)水资源贫乏。黄河流域面积占全国国土面积的 8.3%,而年径流量只占全国的 2%。流域内人均水量 474 m^3,为全国人均水量的 22%;耕地亩均水量 220 m^3,仅为全国耕地亩均水量的 16%。再加上流域外的供水需求,人均占有水资源量更少,是全国水资源贫乏地区之一。

(2)径流年内分配集中。干流及主要支流汛期 7～10 月径流量占全年的 60% 以上,且支流的汛期径流量主要以洪水形式出现,中下游汛期径流含沙量较大,利用困难,非汛期径流主要由地下水补给,含沙量小,大部分可以利用。

(3)径流年际变化大。干流断面最大年径流量一般为最小年径流量的 3.1～3.5 倍,支流一般达 5～12 倍。黄河自有实测资料以来,相继出现了 1922～1932 年、1969～1974 年、1990～2000 年的连续枯水段,三个连续枯水段平均河川天然径流量分别相当于多年均值的 74%、84% 和 83%。

(4)地区分布不均。黄河河川径流大部分来自兰州以上,年径流量占全河的 61.7%,而流域面积仅占全河的 28%;龙门至三门峡区间的流域面积占全河的 24%,年径流量占全河的 19.4%;兰州至河口镇区间产流很少,河道蒸发渗漏强烈,流域面积占全河的 20.6%,年径流量仅占全河的 0.3%。

1.2.1.2　地下水资源量

黄河流域地下水资源量主要指矿化度不大于 2 g/L 的浅层地下水,即可以参与水循环且可逐年更新的动态水量。按照 2002 年开展的全国水资源规划工作的统一要求,地下水资源调查评价的时段为 1980～2000 年。根据对 1980～2000 年的近期下垫面条件下的黄河流域地下水资源量的调查分析评价,黄河流域多年平均地下水资源量为 376.0 亿 m^3,其中矿化度不超过 1 g/L 的地下水资源量为 350.7 亿 m^3,占 93%,矿化度 1～2 g/L 的地下水资源量为 25.3 亿 m^3,占 7%;山丘区地下水资源量为 263.3 亿 m^3,平原区地下水资源量为 154.6 亿 m^3,山丘区与平原区之间的重复计算量为 41.9 亿 m^3。平原区 1980～2000 年的平均年地下水可开采量为 119.4 亿 m^3,主要分布于上游兰州—河口镇区间和中游龙门—三门峡区间。

1.2.1.3　水资源总量

根据 1956～2000 年系列的水资源调查评价成果,黄河流域水资源总量 647.0 亿 m^3。其中,现状下垫面条件下的利津站多年平均河川天然径流量 534.8 亿 m^3,地表水与地下水之间不重复计算量 111.3 亿 m^3。黄河干支流主要水文断面水资源量的统计具体见表 1.2-1。

表 1.2-1　黄河干支流主要水文断面水资源量统计

站名(或河段)	集水面积 (万 km²)	河川天然 径流量 (亿 m³)	地下水资源量 (亿 m³)	地表水与地下水 不重复量 (亿 m³)	水资源总量 (亿 m³)
唐乃亥	12.2	205.1	81.1	0.5	205.6
唐乃亥—兰州	10.06	124.8	55.2	1.6	126.4
兰州	22.26	329.9	136.3	2.1	332.0
兰州—河口镇	16.34	1.8	46.2	22.7	24.5
河口镇	38.6	331.7	182.5	24.8	356.5
河口镇—龙门	11.16	47.4	35.1	18.7	66.1
龙门	49.76	379.1	217.6	43.5	422.6
龙门—三门峡	19.08	103.6	91.0	36.6	140.2
三门峡	68.84	482.7	308.6	80.1	562.8
三门峡—花园口	4.16	50.1	35.4	8.0	58.1
花园口	73.00	532.8	344	88.1	620.9
花园口—利津	2.19	2.0	24.1	15.4	17.4
利津	75.19	534.8	368.1	103.5	638.3
内流区	4.31	0	7.8	7.8	7.8
黄河流域	79.50	534.8	376.0	112.2	647.0

注:表中数字由于四舍五入的影响,可能存在分项和总计不够吻合的现象。

1.2.1.4　天然水质

黄河干流大部分河段天然水质良好,pH 值一般为 7.5 ~ 8.2,呈弱碱性。流域内河川径流的矿化度、总硬度分布由东南向西北呈递增趋势。大部分地区为矿化度 300 ~ 500 mg/L 的适度硬水。达日至久治黄河干流两侧,黑、白河流域,洮河上游,渭河南岸秦岭北坡,伊洛河上游,以及大汶河流域等地区,为矿化度小于 300 mg/L 的软水地区。兰州至石嘴山右岸的祖厉河、清水河、苦水河等支流,北洛河的支流葫芦河上游,泾河的西川上游,山西涑水河等地区,为矿化度大于 1 000 mg/L 的极硬水地区,其中以甘肃祖厉河最高,这些地区的水体中含有大量的氯离子和硫酸根离子,水质苦涩,人畜不能饮用。高含氟水源主要分布在内蒙古包头、陕西定边及宁夏盐池等干旱地区,氟病的发病率较高。

黄河以多泥沙著称于世,干支流的高含沙水流可使水的色度、浑浊度增加,破坏水体的观感性状指标,降低水中的溶解氧和光照度,影响鱼类等生物的正常生长。泥沙本底含有砷,造成黄河水体含砷量过高,但由于泥沙本身含有相当数量的黏土矿物和有机、无机胶体,所以泥沙具有较强的吸附作用,可以吸附某些污染物质,起到"净化"水质的作用。

1.2.2　黄河水资源的特点

1.2.2.1　水资源总量贫乏

黄河流域年径流量主要由大气降水补给。因受大气环流的影响,降水量较少,而蒸发能力很强,黄河多年平均天然年径流量 580 亿 m^3 ,仅相当于降水总量的 16.3% ,产水系数很低。

黄河流域面积占全国国土面积的 8.3% ,人口占全国总人口的 12% ,耕地占全国耕地总面积的 15% ,但黄河天然径流量仅占全国河川径流总量的 2.2% ,居全国七大江河的第 4 位,小于长江、珠江、松花江。水资源总量仅为全国水资源总量的 2.5% ;流域内人均水资源总量为 647 m^3 ,不到全国人均水资源总量的 30% ;耕地亩均水资源总量 290 m^3 ,仅为全国亩均年径流量水平的 20% 。如果包括流域外的黄河下游广大引黄地区,黄河供水区人均水资源总量降低为 471 m^3 ,低于国际通用的水资源极度紧缺标准 500 m^3 ,耕地亩均水资源总量 251 m^3 ,人均和耕地亩均水量均居全国七大江河流域的第 6 位,仅略高于海河流域,可见黄河水资源量并不丰富。

1.2.2.2　输沙、生态环境用水及流域外供水任务重

黄河挟带泥沙数量之多,居世界首位。平均每年输入黄河下游的泥沙达 16 亿 t,年平均含沙量 37.8 kg/m^3 ,一些多沙支流洪峰含沙量高达 300 ~ 500 kg/m^3 ,并且 60% 的水量和 80% 的泥沙都集中在每年的汛期。黄河的高含沙量极大地增加了其水资源开发利用的难度。由于输沙量大、含沙量高而导致的河道持续淤积和河槽萎缩已成为危及黄河健康生命的首要问题。减缓河道淤积强度,必须保持必要的输沙水量和流量过程。按照多年平均输沙入海水量 210 亿 m^3 的底限要求,黄河河川径流的开发利用率不能高于 60% 。

黄河流域的干旱半干旱区域面积占全流域面积的 32% 以上,其中侵蚀强度大于 5 000 $t/(km^2 \cdot a)$ 的多沙区面积达 21 万 km^2 ,这些地区生态环境脆弱,生态环境保护建设特别是多沙粗沙区的水土保持建设都需要一定的水量。按照《黄土高原地区水土保持淤地坝规划》,规划规模的淤地坝建成后将减少入黄水资源量 43 亿 ~ 55 亿 m^3 ,占淤地坝控制流域面积内水资源总量的 52% ~ 66% 。

黄河向流域外供水的任务非常繁重。2000 ~ 2008 年,天津市和河北省累计引用黄河水量达 50.81 亿 m^3 ,年均 5.65 亿 m^3 ;黄河下游豫鲁两省的引黄灌区及流域外的天津市、河北省的远距离调水等耗水规模已达全河地表耗水量的 30% 左右,其比例在北方主要河流中是最大的。

1.2.2.3　径流时空分布不均、连续枯水时段长

因受季风型气候的影响,黄河流域河川径流的季节性变化很大。夏秋河水暴涨,容易泛滥成灾,冬春水量很小,水源匮乏,径流的年内分配很不均匀。7 ~ 10 月的汛期,干流及较大支流的径流量占全年径流量的 60% 左右,而每年 3 ~ 6 月,径流量只占全年的 10% ~ 20% 。陇东、宁南、陕北、晋西北等黄土丘陵干旱半干旱地区的一些支流,径流集中的特点更为明显,汛期径流量占全年径流量的比值高达 80% ~ 90% ,有些支流每年春季基本呈断流状态。如黄甫川 1972 年 7 月的一次洪水总量就占当年全年径流量的 69% ;窟野河温家川水文站,1976 年汛期测得最大流量达 14 000 m^3/s ,而非汛期最小流量仅 0.64

m^3/s,流量的丰枯悬殊。

黄河流域水资源年际变化也很悬殊,花园口站多年平均天然年径流量 580 亿 m^3,最大年径流量可达 938.66 亿 m^3(1964 年 7 月至 1965 年 6 月),最小年径流量仅 273.52 亿 m^3(1928 年 7 月至 1929 年 6 月),最大与最小年径流的比值为 3.4。黄河支流各站的径流量年际变幅比干流还要大,最大与最小年径流量的比值一般为 5 ~ 12,干旱地区的中小支流甚至高达 20 以上。干流龙门以上各站年径流量变差系数 C_v 值为 0.22 ~ 0.23,龙门以下各站略有增大,三门峡、花园口两站的 C_v 值分别为 0.23 和 0.24,黄河较大支流的 C_v 值较高,一般为 0.4 ~ 0.5。

从多年的观测资料来分析,黄河流域的年径流量还存在连续枯水段持续时间长的特点。黄河连续枯水段的历时在我国北方河流中是最长的,自 1919 年有实测资料以来,出现过 1922 ~ 1932 年、1969 ~ 1974 年、1990 ~ 2002 年这 3 个连续枯水段,分别持续 11 年、6 年和 13 年,这 3 个枯水时段的平均天然年径流量分别为多年平均值的 70%、87% 和 74%。

黄河河川径流的年变差系数为 0.25 左右,花园口断面天然径流的丰枯极值比为 2.85,其变幅在我国北方河流中虽然并不突出,但却非常不利于水资源的开发利用。黄河径流量的年内分配也比较集中,7 ~ 10 月的径流量占年径流量的 60% 以上。全河农业用水高峰期的 3 ~ 5 月,天然来水量仅占年径流量的 10% ~ 20%,水资源供需矛盾十分尖锐。长时段连续枯水,给黄河水资源开发利用工作带来许多不利影响。

受气候、地形和产流条件等因素的影响,黄河流域河川年径流量的地区分布很不平衡,主要来自兰州以上和龙门至三门峡两个区间。唐乃亥以上的河源区集水面积约占全流域的 13%,年径流量占全流域的 33%;兰州以上控制流域面积占花园口以上流域面积的 30.5%,但年径流量却占花园口年径流量的 57.9%;龙门至三门峡区间流域面积占花园口以上流域面积的 26.1%,年径流量占花园口年径流量的 20.3%;兰州至内蒙古河口镇区间集水面积达 16 万 km^2,占花园口控制面积的 22.4%,其水资源量却仅占全流域的 5.7%,计入汇流和干流河道损失,河口镇断面的天然径流量仅比兰州断面多 2 亿 m^3。黄河下游因为其"地上悬河"的形式,汇流面积很小,利津断面的天然径流量与花园口断面相比较也仅多 2 亿 m^3。

1.2.2.4 径流量受气候和下垫面变化的影响较大并呈减少趋势

20 世纪 80 年代以来,由于降水偏枯、潜在蒸发量增大等气象因素以及流域水土保持与生态环境建设、地下水开发利用、雨水蓄积利用、矿产开采等人工活动对流域下垫面的影响,同等降雨条件下的黄河流域部分区域的河川径流量有所减少。据全国第二次水资源调查评价报告分析,由于下垫面变化,黄河多年平均天然河川径流量减少 36 亿 m^3,减幅为 5.9%。随着人类经济与社会活动的强度日益加剧,黄河流域因为下垫面条件变化而导致的水资源总量减少的趋势是难以逆转的。

1.3 黄河源区年径流量的多时间尺度变化特征

黄河源区是指黄河从河源至唐乃亥水文站之间的高寒草甸草原区,唐乃亥水文站控制流域面积 12. 19 万 km²。黄河源区以占黄河流域面积 13% 的汇水面积贡献了黄河年径流量的 33% ,是黄河流域最重要的产流区,素有"黄河水塔"之称,该区域径流量的变化对于整个黄河流域水资源的变化具有至关重要的影响和控制性作用。

径流量的年际变化过程具有多时间尺度性。所谓多时间尺度性,是指径流量的变化在某一时间段内不是只以一种固定的频率(周期、时间尺度)在运动,而是同时包含着各种频率(周期时间、尺度)的变化和局部波动,是包括气象、水文、土壤、植被、社会等各子系统在内的多种动力学机制同时发挥作用的结果,是径流量在时域中呈现复杂变化的根本原因。

综上所述,为深入分析和掌握黄河水资源的演变情势,非常有必要探讨黄河源区年径流量的多时间尺度波动特征。

1.3.1　CEEMDAN 的基本理论

为了克服小波变换的诸多不足之处,Huang N E 等于 1998 年提出了经验模态分解(Empirical Mode Decomposition,简称 EMD)。EMD 是一种可以用于分析非线性系统产生的非平稳序列的数据驱动型的适应性方法,它将一个序列分解为局部的、完全数据驱动的、具有快速和慢速波动周期的一系列分量,这些幅度和频率经过调制的分量被称为本征模态函数(Intrinsic Mode Function,简称 IMF)。EMD 方法已在水文水资源领域得到了广泛应用。

但是,EMD 算法的局部特性可能会产生一种被称为模态混淆(混频)的现象,在一个模态中存在具有完全不同的尺度的波动或者在不同的模态中产生具有相似尺度的波动,而理想的情况是每一个模态中的尺度是相似的。为了减轻 EMD 的模态混淆现象,Huang N E 等于 2009 年提出了集合经验模态分解(Ensemble Empirical Mode Decomposition,简称 EEMD),该方法是对带有噪声的原始序列的集合进行 EMD 分解。所谓集合,即是添加了白噪声的原始序列的若干副本,通过求集合的平均值来得到最终分解结果。通过添加白噪声来减少模态混淆是利用了 EMD 的二值滤波器组特性及遍布整个时间—频率空间的噪声,以此来求得更多地在整个时间跨度内具有相似尺度的更规则的模态。尽管 EEMD 被证明可以大幅减少混频现象并在水文水资源等领域得到了广泛应用,然而该方法在解决旧问题的同时也产生了新问题。在 EEMD 的重构序列(所有模态之和)中存在着残留噪声,另外 EEMD 的每一次 EMD 分解所产生的模态的个数可能是不同的,这使最终在求集合平均值时变得困难。为了解决 EEMD 存在的问题,Huang N E 等 2010 年提出了互补EEMD(Complementary Ensemble Empirical Mode Decomposition,简称互补 EEMD),即通过使用互补噪声对(增加和减去相反的白噪声)减轻了重构序列存在的噪声残留问题。然而,互补 EEMD 的数学完整性不能被证明,而且最终在求集合平均值时存在的问题依然没有得到解决,因为互补 EEMD 依旧会产生每一次 EMD 分解所产生的模态的个数可能会不同于这一问题。

2011 年,Torres 等提出了具有适应性噪声的完全集合经验模态分解(Complete Ensemble Empirical Mode Decomposition with Adaptive Noise,简称 CEEMDAN),对 EEMD 进行了重要改进,解决了 EEMD 存在的上述两个问题并在多个领域得到了应用。2014 年,Torres

等又对 CEEMDAN 进行了改进,完美解决了 CEEMDAN 初始算法所存在的个别模态包含残留噪声以及分解早期可能存在虚假模态等两个问题。

综上所述,CEEMDAN 是在 EMD 和 EEMD 的基础上发展而来的,本研究按照技术发展历程来对 CEEMDAN 的基本理论介绍如下。

EMD 是把 1 个序列分解为若干数目的 IMF,而 IMF 必须满足 2 个条件:①极值点(极大值和极小值)的个数和跨零点的个数必须相等或者至多相差 1 个;②局部平均值,即上包络线和下包络线的平均值必须为 0。EMD 算法具体参见文献[1]。

EEMD 把相应的 IMF 的平均值定义为"真实"模态,这些 IMF 是通过向原始序列中添加白噪声后再进行 EMD 分解而得到的。设 $x(t)$ 为待分解序列,EEMD 算法可描述如下:

(1)生成 $x(t)^{(i)} = x(t) + \beta w^{(i)}$,其中 $w^{(i)}$($i = 1,2,\cdots,I$,I 为实现次数,即添加了白噪声的原始序列的副本份数,而每个副本的 EMD 分解称为 1 次实现,以下同)是均值为 0、方差为 1 的白噪声,$\beta > 0$;

(2)使用 EMD 对每一个 $x(t)^{(i)}$($i = 1,2,\cdots,I$)进行分解,得到模态 $d_k^{(i)}$,其中 $k = 1,2,\cdots,K$,k 表示模态的阶数;

(3)令 $\bar{d}_k$ 为 $x(t)$ 的第 k 阶模态,$\bar{d}_k$ 可以通过相应的 I 个模态的平均值来得到,即 $\bar{d}_k = \dfrac{1}{I} \sum_{i=1}^{I} d_k^{(i)}$,式中符号同前。

在进行 EMD 分解时,均需进行不同次数的迭代,迭代终止与否的判断指标采用限制标准差 SD,SD 定义为:

$$SD = \sum_{l=1}^{T} \frac{|h_{1(l-1)}(t) - h_{1l}(t)|^2}{h_{1(l-1)}^2(t)} \tag{1.3-1}$$

式中:$h_{1l}(t)$ 为 EMD 分解时第 l 次筛选所得的数据;$h_{1(l-1)}(t)$ 为 EMD 分解时第($l-1$)次筛选所得的数据;T 为序列长度。

SD 的值一般取 $0.2 \sim 0.3$,即满足 $0.2 < SD < 0.3$ 时分解过程即可结束。采用此标准的物理考虑是既要使得 $d_k^{(i)}$ 足够接近 IMF 的要求,又要控制分解的次数,从而使所得 IMF 分量保留原始序列中的幅值调制信息。

值得指出的是,在 EEMD 中,每个 $x(t)^{(i)}$ 都是独立地被分解,对每一个 $x(t)^{(i)}$ 来说,每一次实现中的每一个分解阶段得到的 $r(t)_k^{(i)} = r(t)_{k-1}^{(i)} - d(t)_k^{(i)}$ 都是独立的,其间没有关联。

使用噪声辅助技术改进 EMD 的主要思想是往序列中添加一些可控噪声,以创造新的极值点。使用这种方式,局部平均值被"强迫"吸引在原始序列中的新极值点被创造出来的那些部分,而同时原始序列中的没有新的极值点被创造出来的那些部分没有被改变,即该算法被强迫聚焦到尺度—能量空间的一些特别点上。取平均值就是为了更好地估计局部均值,这些局部均值在原始序列添加噪声后的各个实现中是略有不同的。

然而,EEMD 通过取平均值来估计的是模态而不是局部均值。这是因为 EEMD 是独立地分解每一个具噪声的原始序列,所以在每一次分解的第 1 个阶段有 1 个局部均值和 1 个模态,则真实模态就是具噪声原始序列的 EMD 分解所求得的模态的平均,其中就包含着一些残余噪声。这就造成 EEMD 存在以下问题:①分解是不完全的,即存在重构误差;②每一次所得的模态个数可能会不同,造成最后求集合的平均值时存在困难。

在互补 EEMD 中,噪声成对地被添加到原始序列上(一个是正的,一个是负的),由此产生 2 个集合:

$$\begin{bmatrix} y_1^{(i)} \\ y_2^{(i)} \end{bmatrix} = \begin{bmatrix} 1 & 1 \\ 1 & -1 \end{bmatrix} + \begin{bmatrix} x(t) \\ w^{(i)} \end{bmatrix} \tag{1.3-2}$$

式中: $y^{(i)}$ 为具噪声的原始序列的具有互补性的 2 个副本; $x(t)$ 和 $w^{(i)}$ 的含义同前。

尽管这一方法显著减小了重构序列中的残余噪声,但是仍然不能保证 $y_1^{(i)}$ 和 $y_2^{(i)}$ 会产生相同数目的模态,使得最后求平均值还是存在困难,同时模态中仍然存在噪声残余。

CEEMDAN 的具体算法为:令 $E_k(\cdot)$ 为通过 EMD 产生第 k 阶模态的算子,令 $M(\cdot)$ 是产生将要被进行分解的序列的局部均值的算子,令 $w^{(i)}$ 是均值为 0、方差为 1 的白噪声, $x^{(i)} = x + w^{(i)}$,$\langle \cdot \rangle$ 是求取平均值的算子,可以看出 $E_1(x) = x - M(x)$,则:

(1)使用 EMD 计算 $x^{(i)} = x + \beta_0 E_1(w^{(i)})$ (x 的第 i 次实现)的局部均值,以求得第 1 个残差:

$$r_1 = \langle M(x^{(i)}) \rangle \tag{1.3-3}$$

(2)在第 1 阶段($k = 1$)计算第 1 阶模态 $\widetilde{d}_1 = x - r_1$ 。

(3)将 $r_1 + \beta_1 E_2(w^{(i)})$ 的实现的局部均值的平均值作为第 2 个残差的估计值,定义第 2 阶模态为:

$$\widetilde{d}_2 = r_1 - r_2 = r_1 - \langle M[r_1 + \beta_1 E_2(w^{(i)})] \rangle \tag{1.3-4}$$

(4)对于 $k = 3, \cdots, K$,计算第 k 个残差:

$$r_k = \langle M[r_{k-1} + \beta_{k-1} E_k(w^{(i)})] \rangle \tag{1.3-5}$$

(5)计算第 k 阶模态:

$$\widetilde{d}_k = r_{k-1} - r_k = r_{k-1} - \langle M[r_{k-1} + \beta_{k-1} E_k(w^{(i)})] \rangle \tag{1.3-6}$$

(6)返回第(4)步计算下一个 k 。

重复进行第(4)步至第(6)步直到所求得的残差满足以下条件之一为止:①不能被 EMD 进一步分解;②满足 IMF 条件;③局部极值点的个数小于 3 个。

综上,经 CEEMDAN 重构,最终残差满足:

$$r_K = x - \sum_{k=1}^{K} \widetilde{d}_k \tag{1.3-7}$$

式中: K 是模态的总阶数。因此,原始序列 x 可以表达为:

$$x = \sum_{k=1}^{K} \widetilde{d}_k + r_K \tag{1.3-8}$$

上述分解过程确保了 CEEMDAN 的完整性并因此保证了原始序列得以准确重构。模态的最终阶数只取决于原始序列数据和停止准则。系数 $\beta_k = \varepsilon_k \mathrm{std} r_k$ 允许在每一个阶段进行(SNR)选择。在 EEMD 中,噪声和残差之间的信噪比 SNR 随着阶数 k 的增加而增加,这是因为当 $k > 1$ 时,第 k 阶残差中的能量只是在计算开始时所添加的噪声能量的若千分之一。为了模拟这种现象，$CEEMDAN$ 将 ε_0 设置为初始噪声和原始序列的理想 SNR 的倒数，若将 SNR 表达为标准差的商数，则有 $\beta_0 = \varepsilon_0 \mathrm{std}(x)/\mathrm{std}(E_1(w^{(i)}))$，为了获得后续分解阶段中的具有较小波动幅度的噪声实现，在剩余模态中，我们将直接使用其前一步通过 EMD 进行分解时得到的噪声，不用其标准差来进行归一化处理，即 $\beta_k = \varepsilon_0 \mathrm{std}(r_k)$，$k \geqslant 1$。

所有 EMD 类方法由细到粗进行筛分的理论本质决定了其分解所得到的第 1 阶模态所揭示的是原始序列中变化最快(频率最高、周期最短)的序列分量。

具适应性噪声的完全集合经验模态分解 CEEMDAN 作为 EMD 和 EEMD 的最新改进方法，是具有分解完整性、模态精准性等优点的一种全新的非线性、非平稳序列多时间分辨率分析方法，在水文水资源领域的分析、建模和预测中具有广阔的应用前景。

1.3.2 年径流量的 CEEMDAN 分解

黄河源区控制性水文站——唐乃亥水文站 1956～2015 年的年径流量序列，如图 1.3-1 所示。

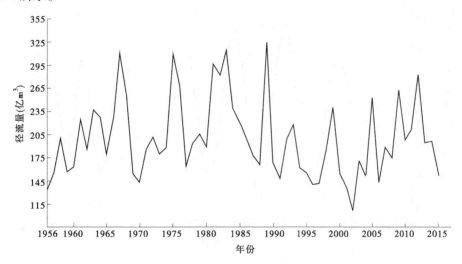

图 1.3-1 唐乃亥水文站年径流量序列

运用 CEEMDAN 方法对图 1.3-1 所示的唐乃亥水文站年径流量序列进行多时间尺度分解，实现次数取 200，限制标准差 SD 的值取为 0.25，分解结果如图 1.3-2～图 1.3-5 所示。

由图 1.3-2～图 1.3-5 可知：

(1)CEEMDAN 将唐乃亥水文站 1956～2015 年的年径流量序列分解为 4 阶模态，其中包括 3 个 IMF 分量(见图 1.3-2～图 1.3-4)和 1 个趋势项 Res 分量(见图 1.3-5)，反映了黄河源区产汇流系统变量演化的复杂多时间尺度性。

(2)第 1 阶模态 IMF1 是振幅最大、周期最短、频率最高的一个波动，依次下去的其他各阶模态的振幅逐渐减小、周期逐渐变长、频率逐渐降低。

(3)第 1 阶模态 IMF1 具有准 2～7 a 波动周期，以准 2～4 a 波动周期为主，在 60 a 的观测时段内其平均振幅 34.35 亿 m³，最大振幅 75.19 亿 m³，最小振幅 1.90 亿 m³。

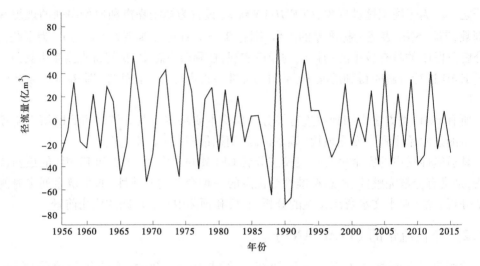

图 1.3-2 唐乃亥水文站年径流量序列的 IMF1 分量

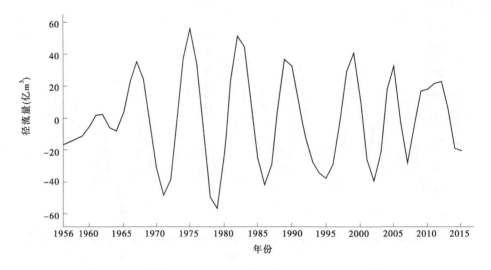

图 1.3-3 唐乃亥水文站年径流量序列的 IMF2 分量

（4）第 2 阶模态 IMF2 具有准 5～10 a 波动周期，以准 7 a 波动周期为主，在 60 a 的观测时段内其平均振幅 36.79 亿 m^3，最大振幅 57.27 亿 m^3，最小振幅 2.64 亿 m^3；1967～1982 年为高幅振荡时段，平均振幅 51.86 亿 m^3，最大振幅 57.27 亿 m^3，最小振幅 44.37 亿 m^3；1982～1998 年为低频振荡时段，最大波动周期为准 10 a。

（5）第 3 阶模态 IMF3 具有准 18 a 和准 28 a 波动周期，在 60 a 的观测时段内其振幅呈增加趋势，平均振幅 26.40 亿 m^3，最大振幅 33.59 亿 m^3，最小振幅 18.74 亿 m^3。

（6）第 4 阶模态 Res 分量显示的是唐乃亥水文站年径流量的整体变化趋势，1977 年和 2008 年是 Res 曲线的 2 个拐点，1951～1977 年唐乃亥水文站年径流量整体呈增加趋势，增幅为 14.36%；1977～2008 年唐乃亥水文站年径流量整体呈减小趋势，减幅为 16.54%；自 2008 年开始唐乃亥水文站年径流量整体又呈增加趋势，进入新一轮的增长周

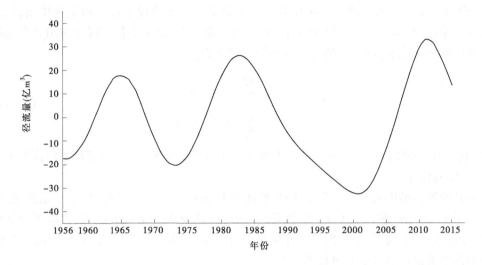

图 1.3-4　唐乃亥水文站年径流量序列的 IMF3 分量

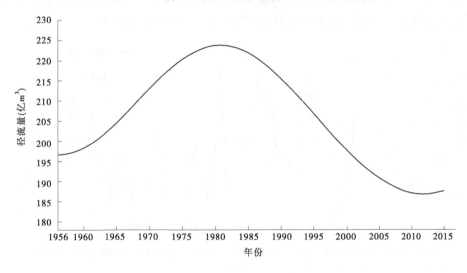

图 1.3-5　唐乃亥水文站年径流量序列的 Res 分量

期。按照目前所展现出来的半个波动周期(1977～2008 年)推论,Res 分量具有准 62 a 波动周期。

(7)20 世纪 90 年代至 21 世纪初,黄河源区出现的进而导致黄河流域出现的连续枯水时段主要是由第 3 模态 IMF3 的异常波动造成的,这是因为若按照 20 世纪 90 年代之前的波动周期为准,18a 的波动规律该模态应该在 1993 年出现谷值、2002 年出现峰值,但是在 1993 年之后继续下行直至在 2002 年出现谷值,形成一个完整的"逆峰",又与 Res 分量的同期下降趋势相叠加,导致黄河出现长达 10 a 左右的枯水期。

1.3.3　模态重构精度评价

根据 CEEMDAN 的分解理论及实际计算,图 1.3-2～图 1.3-5 所示的 4 阶模态可以完全重构图 1.3-1 所示的实测径流量序列。为了定量评价各阶模态在重构中的作用,采用纳什效率系数(Nash-Sutcliffe Efficiency coefficient,简称 NSE)来表征不同模态组合和实测径流量序列之间的模拟精度,纳什效率系数的定义为:

$$\text{NSE} = 1 - \frac{\sum_{n=1}^{N}(Q_O^n - Q_S^n)^2}{\sum_{n=1}^{N}(Q_O^n - \bar{Q}_O)^2} \tag{1.3-9}$$

式中:Q_O^n 为序列的第 n 个实测值;Q_S^n 为序列的第 n 个模拟值;$\bar{Q}_O$ 为序列实测值的平均值;N 为序列长度。

NSE 的取值范围为负无穷至 1,NSE 越接近 1,表示模式质量越好,模型可信度越高;NSE 等于 1,表示模型模拟值与实测值完全一致,误差为 0;NSE 越接近 0,表示模拟结果越接近观测值的平均值水平,即模型总体结果可信,但过程模拟误差大;NSE 远远小于 0,则表明模型的模拟结果是不可信的。

以图 1.3-1 所示的径流量序列作为实测值、图 1.3-2 ~ 图 1.3-5 所示的 4 阶模态的依次组合作为模拟值,分别计算其 NSE 值,结果如图 1.3-6 ~ 图 1.3-8 所示。

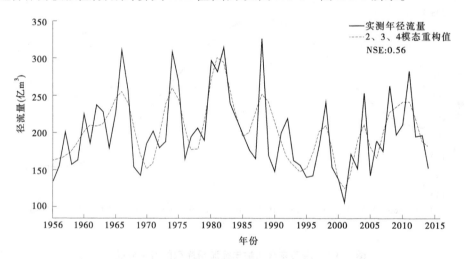

图 1.3-6　唐乃亥水文站年径流量实测值与 2、3、4 模态重构值的比较

从图 1.3-6 ~ 图 1.3-8 可知:

(1)第 2、3、4 阶模态重构所得的序列与实测径流量序列之间的 *NSE* 为 0.56,则第 1 阶模态对重构实测值的模拟精度贡献率为 0.44。

(2)第 3、4 阶模态重构所得的序列与实测径流量序列之间的 *NSE* 为 0.27,则第 2 阶模态对重构实测值的模拟精度贡献率为 0.29。

(3)第 4 阶模态与实测径流量序列之间的 *NSE* 为 0.06,则第 4 阶模态对重构实测值的模拟精度贡献率为 0.06,同时也说明第 4 阶模态作为实测径流量序列的平均值是有统计意义的,符合 *NSE* 的定义,证明 CEEMDAN 分解理论和计算结果的正确性。

(4)周期越短、振幅越大、频率越高的模态在重构中的作用越突出,对模拟精度的提高贡献越大;但是,必须指出的是,这种贡献的作用是相对的,是建立在作为平均值的第 4

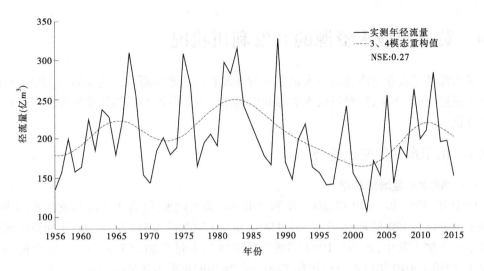

图 1.3-7　唐乃亥水文站年径流量实测值与 3、4 模态重构值的比较

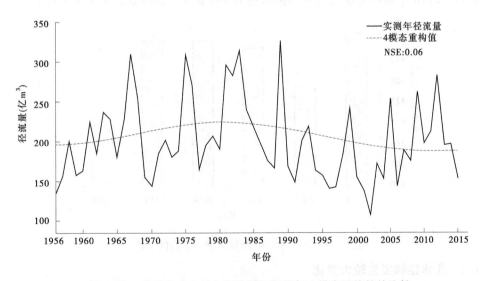

图 1.3-8　唐乃亥水文站年径流量实测值与 4 模态重构值的比较

阶模态得以准确模拟的基础之上的,若无第 4 阶模态以及第 3 阶模态作为基础,第 1 阶和第 2 阶模态等高频模态对原始序列的模拟精度将会出现数量级的误差。由此可知,高频模态刻画序列变化的细节和局部,低频模态则掌控着序列变化的全局和趋势。

综上所述,黄河源区的唐乃亥水文站年径流量分别具有准 2~7 a、准 5~10 a、准 18 a、准 28 a、准 62 a 的波动周期;黄河源区在 20 世纪 90 年代的连续枯水时段是由第 3 模态的异常波动造成的;在掌握序列趋势变化的基础上提高第 1 阶模态的预测精度是提高唐乃亥水文站年径流量预测精度的工作方向;按照各阶模态的周期和振幅所显示的变化趋势,预计自 21 世纪初至 21 世纪中叶的这一时期内,黄河源区的年径流量将呈现在波动中增加的趋势。

1.4　黄河流域水资源的开发利用状况

黄河流域工农业生产和城乡人民生活所开发利用的水资源可分为地表水和地下水两大类。最近 60 多年来,黄河流域水资源开发利用的数量状况和结构体系均发生了非常明显的变化。

1.4.1　供用水量的变化趋势

1.4.1.1　供水总量增速趋缓

1950 年、1980 年、1990 年、2000 年和 2010 年,黄河供水区(含本流域和流域外,下同)的供水量分别为 120 亿 m³、413 亿 m³、444 亿 m³、480 亿 m³ 和 512 亿 m³,60 年间总供水量增加了 4.3 倍。其中,1950 ~ 1980 年黄河供水区供水量增加 293 亿 m³,年均增长率为 13.2%;1980 ~ 2010 年供水总量增加 77 亿 m³,年均增长率为 0.80%,增速趋缓。

2011 ~ 2016 年黄河供水区的年均供水量为 530 亿 m³,具体数值见图 1.4-1。

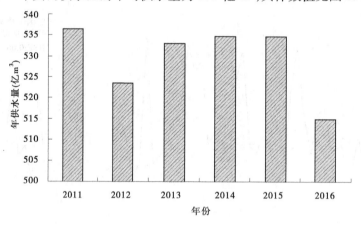

图 1.4-1　2011 ~ 2016 年黄河供水区的供水量

1.4.1.2　用水结构发生较大变化

随着工业化和城镇化速度逐步加快,城乡人民生活水平提高,农业节水事业进步,1980 ~ 2016 年黄河流域用水结构发生了较大变化。具体而言,工业用水比例,1980 年为 8.2%,2008 年为 14.6%,2016 年为 12.9%;城乡生活用水比例,1980 年为 7.5%,2008 年为 13.3%,2016 年为 10.4%;农业用水比例,1980 年为 95.0%,2008 年为 74.1%,2016 年为 73.1%,其中农田灌溉用水比例在 1980 年为 84.0%,2008 年为 67.1%,2016 年为 66.8%。

2016 年黄河流域的行业用水结构见图 1.4-2。

1.4.2　黄河水资源开发利用程度及其超载情况

根据《黄河水资源公报》统计,1998 ~ 2016 年,黄河流域地表水资源年均耗用量为 312.56 亿 m³,占同期花园口年均天然径流量 426.52 亿 m³ 的比例为 73.3%,其中 2001 年和

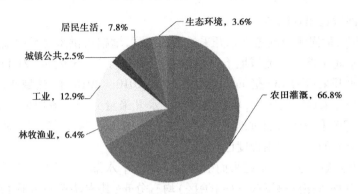

图 1.4-2　2016 年黄河流域的行业用水结构

2002 年地表水资源耗水量占花园口同期天然年径流量的比例分别高达 82.01% 和 95.25%，1998～2016 年黄河流域地表水耗水量见图 1.4-3。

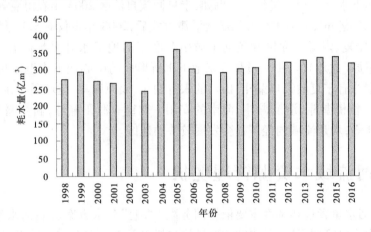

图 1.4-3　1998～2016 年黄河流域地表水耗水量

黄河流域水资源的过度开发，使得黄河河道内的生态环境用水和输沙用水被大量挤占，1998～2016 年的年均入海水量仅占同期花园口年均天然径流量的 33.5%，仅相当于分配输沙入海水量的 67.9%。同时，黄河所表现出来的干流基流量过小、支流断流形势加剧、地下水大量超采等水资源超载现象也比较突出。

1999 年实施黄河干流水量统一调度以来，虽然遏制了黄河干流的断流现象，但干流重要断面的流量仍然很小。自实施干流水量统一调度以来至 2006 年，头道拐、龙门、潼关、利津等断面出现小于 50 m³/s 的天数分别为 34 d、18 d、25 d 和 468 d。

20 世纪 80 年代以来，黄河支流的断流情况越来越严重。一是发生断流的支流数量在逐渐增加，汾河、渭河、沁河等主要支流在 20 世纪 80 年代发生断流，主要支流伊河在 20 世纪 90 年代也发生断流，较大支流的断流数量在 2000 年时增加到十余条；二是断流的频度在增加，汾河、沁河、大黑河自 1980 年以来年年发生断流，大汶河、金堤河、渭河有 2/3 以上的年份发生断流；三是发生断流的河道长度在逐渐增加，如黄河中游的第一大支流——渭河，80 年代干流的陇西—武山河段、甘谷—葫芦河口河段发生断流，1995 年葫芦河口—籍河口河段也出现断流。

　　1980 年以来,黄河流域的地下水开采量增加迅猛,增幅占供水总量增幅的 57% 左右,局部地区地下水超采严重。流域地下水开采量在 1980 年为 93 亿 m^3,21 世纪的头 5 年,流域年均地下水开采量为 135 亿 m^3,增加了 44%;2010 ~ 2016 年,流域年均地下水开采量为 126 亿 m^3,开采量有所减少;现状流域地下水开采量分别占流域地下水总资源量与可开采量的 35.7% 和 98%,超过地下水与地表水不重复量 24.5 亿 m^3。从整体上看,黄河流域地下水资源的开发利用程度已经很高。

　　目前,黄河流域因为地下水超采而引起的主要地下水漏斗区共有 65 处,甘肃、宁夏、内蒙古、陕西、山西、河南、山东等省(自治区)均有分布,其中陕西、山西两省超采最为严重,分别存在漏斗区 34 处和 18 处。全流域内的漏斗区面积在 2000 年时达到 5 929.9 km^2,其中陕西、山西两省的漏斗区范围分别达到 975.3 km^2 和 2 728.0 km^2,范围最大的漏斗区为山西省的涑水河盆地,漏斗区面积达到 912 km^2。但宁夏、内蒙古灌区和黄河下游引黄灌区的地下水开发利用量较少。例如,宁夏回族自治区 2004 年农田灌溉所开采的地下水量仅有 0.7 亿 m^3,大力推行井渠结合灌溉方式后,2008 年也仅有 5.14 亿 m^3,2016 年为 5.31 m^3。宁夏、内蒙古灌区和黄河下游引黄灌区的地下水开采量尚有一定的潜力。在流域内的平原(盆地)区,由于过量开采地下水所形成的中心地下水埋深和影响范围均较大的降落漏斗有宁夏的银川漏斗,山西的宋古漏斗、太原漏斗、运城漏斗,陕西的沣东漏斗、兴化漏斗、鲁桥漏斗、渭滨漏斗,河南的安阳—鹤壁—濮阳漏斗、新乡漏斗、武陟—温县—孟州漏斗等,均是流域内经济社会发展较快的地区。

1.5　黄河流域水资源管理现状

　　目前,黄河水量管理和调度主要依据国务院"八七"分水方案、《黄河水量调度条例》和有关的取水许可管理规定,采取的主要措施包括以下 3 个方面:①实行取水许可总量控制,控制省区用水规模;②对省区年度实际引黄水量实行总量控制;③对省际断面的下泄流量实行控制,确保达到规定的流量指标。

1.5.1　在我国大江大河中率先进行了全流域水量分配工作

　　20 世纪 80 年代初,黄河流域水资源供需矛盾日益突出,从 1972 年起,黄河下游出现经常性的断流。为此,黄河水利委员会(以下简称黄委)开展了"黄河水资源开发利用预测"的相关研究,以 1980 年作为基础年,采用 1919 年 7 月至 1975 年 6 月共计 56 年长度的黄河天然年径流量系列,对 1990 年和 2000 年两个规划水平年进行了供需预测和水量平衡分析,提出了南水北调工程生效前黄河可供水量的分配方案,1987 年国务院批准了国家计委、水利部由此形成的《黄河可供水量分配方案》(简称"八七"分水方案)。该方案采用的黄河天然年均径流量为 580 亿 m^3,其中将 370 亿 m^3 的黄河可供水量分配给流域内 9 省(自治区)及相邻缺水的河北省、天津市,分配河道内输沙等生态用水量 210 亿 m^3,使黄河成为我国大江大河中首个进行全河水量分配的河流。"八七"分水方案的具体分配指标如图 1.5-1 所示。

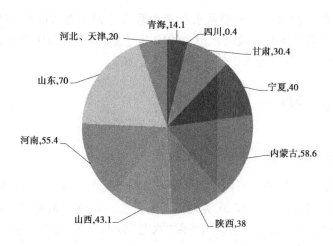

图 1.5-1　"八七"分水方案的分水指标　（单位：亿 m³）

1.5.2　率先实施了以流域为单元的取水许可总量控制管理

　　按照国务院《取水许可制度实施办法》和水利部的授权，黄委于 1994 年开始在流域管理中全面实施取水许可制度，负责黄河干流及重要的跨省区支流取水许可的全额或限额管理，同时按照国务院批准的"八七"分水方案，率先在全国以流域为单元实施取水许可总量控制管理。

　　由黄委发证的地表水取水工程，约可控制全部引黄耗水量的 57%，其中可控制干流耗用水的 75% 左右；由黄委发证的地下水取水工程，其开采量尚不足流域地下水开采量的 1%。

　　为防止取水失控，加强了总量控制的动态管理。利用 2005 年换发取水许可证的契机，核减水量 17.6 亿 m³，同时针对一些省（区）虽然引黄用水总量没有超过国务院分水指标，但干流或支流用水增加迅速的现实，在取水许可管理中开始实施干流与支流用水的双控制。

　　按照黄河可供水量分配方案，考虑丰增枯减的原则，按照 1999 ~ 2003 年调度实施情况，青海、甘肃、宁夏、内蒙古和山东 5 个省（自治区）平均耗水量已超过年度分水指标，其中宁夏、内蒙古、山东 3 省（自治区）已无新增取水许可指标。

　　目前，黄河流域农业用水量约占全部引黄用水量的 79%，宁夏、内蒙古更是高达 97%，且灌溉水利用率仅为 0.4 ~ 0.5，农业用水存在较大的节水潜力。为积极探索利用市场手段优化配置黄河水资源的途径，支持地方经济社会的可持续发展，促进节水型社会建设，引导有限的黄河水资源向高效益、高效率的行业转移，黄委 2003 年开始在内蒙古和宁夏开展了黄河水权转换试点工作，由新建工业项目的业主单位出资进行灌区节水改造工程建设，将渠道输水过程中渗漏损失的水量节约下来，有偿转换给新建工业项目。2004 年 6 月黄委制定了《黄河水权转换管理实施办法（试行）》，初步建立了具有黄河特色的水权转换制度。

　　2005 年黄委批复了宁夏、内蒙古两区编制的水权转换总体规划。根据规划，到 2015

年,宁夏、内蒙古两区的引黄灌区渠系水利用系数将分别由现状的 0.44 和 0.42 提高到 0.58 和 0.62,两区将不再超用黄河水量。2010 年宁夏、内蒙古两区农业采取工程节水措施后,向工业转换水量分别为 3.3 亿 m^3 和 2.71 亿 m^3。

1.6　黄河水量统一调度现状

1.6.1　黄河水量统一调度的目标和原则

为缓解黄河流域尖锐的水资源供需矛盾和黄河下游频繁断流的严峻形势,经国务院批准,从 1999 年 3 月开始,黄委正式实施黄河水量统一调度。黄河水量统一调度的首要目标是确保黄河不断流;其次是落实国务院"八七"分水方案,统筹上中下游用水,促进各省(区)、各部门之间的公平用水。

黄河水量调度实行总量控制、计划配水、分级管理、分级负责。总的调度原则是国家统一分配水量,流量断面控制,省(区)负责用水配水,重要取水口和骨干水库统一调度。当前调度的河段为刘家峡水库以下的干流河段;水量调度的主要时段为当年 11 月至翌年 6 月。

1.6.2　黄河水量统一调度的实施效果

1999 年实施黄河水量统一调度以来,黄河流域连年干旱少雨,主要来水区的来水量严重偏枯。2000 ~ 2002 年,黄河花园口站天然径流量都低于断流最为突出的 1997 年,特别是 2003 年 1 ~ 7 月,来水量仅为多年同期的 50%,是有实测资料以来的最小值,龙羊峡、刘家峡水库的库水位逼近死水位。近年来,在国家粮食安全和惠农补贴政策的影响下,引黄灌溉面积大幅度增加,用水需求大量增加,2005 年宁蒙灌区和山东省又遭遇了 50 年不遇的高温干旱天气,其中黄河下游春灌用水量为 1999 年以来最大。2003 ~ 2006 年,头道拐、龙门、潼关、利津等断面流量 20 余次跌破预警流量。面对严峻的水资源供需矛盾和防止断流的形势,黄委与沿黄有关单位通力协作、密切配合,通过综合运用行政、工程、科技、法律、经济等手段,强化管理、科学调度、优化配置水资源,及时化解了一次次断流危机,实现了黄河连年不断流。

1.6.2.1　满足了社会经济用水

"十五"至"十二五"期间,黄委除最大限度地保证流域内的经济用水外,还分别于 2000 年、2002 年、2003 年、2004 年、2009 年、2010 年、2011 年 7 次成功实施引黄济津远距离应急调水,同时还进行了引黄入卫、引黄济青、引黄济淀等远距离调水,有效缓解了流域外的天津市、河北省、山东省等相关地区的用水紧张局面,对恢复华北最大的湿地——白洋淀的水生态与水环境起到了至关重要的作用,最大限度地发挥了黄河水资源的综合效益,为流域及流域外的相关地区经济社会生态的可持续协调发展提供了有力的水资源保障。

1.6.2.2　促进了节约用水,超计划用水得到一定遏制

统一调度实施的前后五年相比,内蒙古和山东两省(自治区)超计划耗水分别减少 6%

和 8%。根据《黄河水资源公报》统计,在来水量相差不大的情况下,统一调度前(1988~1998 年)黄河年均地表水耗水量为 290.3 亿 m³,统一调度后(1999~2005 年)为 271.5 亿 m³,平均减少 18.8 亿 m³。黄河流域平均 GDP 耗水定额从 1997 年的 560 m³/万元降至 2003 年的 309 m³/万元,降幅达 45%。

1.6.2.3　增加了河流生态用水

2001~2016 年期间,黄河河口年平均入渤海水量为 156.7 亿 m³,占黄河同期年平均天然径流量的 37%,比"九五"期间增加 69 亿 m³;头道拐断面 5 月、6 月平均实测径流量比"九五"期间增加 2.8 亿 m³,遏制了流域内特别是黄河下游地区的生态恶化趋势,以往由于断流而遭受破坏的河道湿地得到相当程度的修复,水生生物的多样性也正得到恢复,河口三角洲地区的生态环境开始向好的方向发展。据 2004 年的实地调查,黄河三角洲国家级自然保护区的鸟类数量由统一调度前的 187 种增加到 283 种;在第二大自然保护区——贝壳与湿地系统自然保护区内,发现有野生珍稀生物 459 种,比 4 年前增加了近一倍。三角洲地区的植被也呈现良性演替的趋势。

1.6.2.4　探索出一套行之有效的协调、协商机制和管理制度

经过近 16 年来的探索与实践,黄河水资源统一调度工作已基本形成了一套比较健全的组织管理体系和协商沟通机制,建立健全了各项规章制度,实行了省(区)界断面流量的行政首长负责制,建立了突发事件快速反应机制,高起点地建设了现代化的黄河水量调度管理系统,有效地提高了流域水资源的管理与调度能力,显著地提升了流域水资源管理的现代化水平。

1.7　黄河水资源管理与水量统一调度存在的问题

1.7.1　水资源供需矛盾加剧,危及黄河健康生命

近 20 多年来,随着黄河流域人口的增加和经济社会的快速发展,黄河水资源的承载压力日益增大。一方面,河流输沙及生态环境用水被大量挤占,河流健康和流域生态系统呈现出整体恶化的趋势;另一方面,工农业生产用水受缺水制约的现象愈加严重。

黄河入海的把口水文站——利津水文站,20 世纪的 50 年代、60 年代的平均入海水量分别为 480 亿 m³、496 亿 m³,入海水量分别占同期花园口天然径流量的 81% 和 75%;70 年代、80 年代的平均入海水量分别为 311 亿 m³、286 亿 m³,入海水量分别占同期花园口天然径流量的 57% 和 46%;90 年代的平均入海水量为 141 亿 m³,占同期花园口天然径流量的 31%;2000~2008 年平均入海水量仅为 137.3 亿 m³,占同期花园口天然径流量的 32%。

由于河道输沙水量不足,黄河下游"二级悬河"形势加剧,虽经 2002~2008 年以来开展的 8 次成功调水调沙的冲刷,下游河槽最小过洪能力仅有 4 000 m³/s,防洪形势仍比较严峻。

由于输沙水量被大量挤占,黄河的悬河形势已蔓延至上中游河段。宁蒙河段下首的头道拐断面,1968~1986 年实测来水量 242 亿 m³,1987~1996 年实测来水量 174 亿 m³,

前后两个时段相比实测径流减少 28%。特别是近几年来,相同流量时的水位明显抬高,形成"槽高、滩低、堤根洼"的局面。目前,宁夏河段年均淤积 0.1 亿 t,水位抬升 5 ~ 16 cm;内蒙古河段年均淤积 0.58 亿 t,水位抬升 24 ~ 180 cm,部分河段已成为地上悬河,严重威胁到大堤两岸人民的生命财产安全。

黄河干流的禹门口至潼关河段,1974 ~ 1986 年和 1987 ~ 2005 年两个时段相比,年均河段来水量减少 113.3 亿 m^3,减幅为 36%,在年均来沙量减少 1.42 亿 t、减幅约 23% 的情况下,该河段的年淤积沙量增加 0.44 亿 t,河势变化进一步加剧。

由于过度的畜牧业及矿业开发,黄河源区的草场退化、土壤沙化现象加剧,如果治理恢复措施实施不力,将明显减少黄河的河川径流量。据初步估算,1990 年以来,河源区的径流系数减小 0.1,减幅接近 1/4;由于入海水量不足,河口地区的湿地和生物多样性安全仍受到威胁;由于地下水采补失调,流域内的宁夏、山西、陕西等省(自治区)的局部地区出现了较大范围的地下水漏斗。

从黄河流域的自然资源和经济社会特点来看,今后 20 ~ 30 年内,经济社会及生态用水的需求还会有较大增长。第一,从实现人水和谐、维持黄河健康生命的角度来看,目前被挤占的生态用水还需要回用于生态。对照 1986 年以来的实测水量,按照正常来水年份的入海水量(210 亿 m^3)所占比例测算,河道内生态需水的缺水量为 35 亿 m^3;第二,黄河流域上中游地区能源资源富积,工业化进程在加快,预计今后 10 年用水总量增加 15 亿 m^3 左右;第三,流域内的湖泊、湿地和城市景观等生态环境用水量的增长幅度加快,预计今后 20 年内至少增长 10 亿 m^3 左右;第四,从保障国家粮食安全、稳定灌溉面积的战略出发,并考虑到黄河流域部分地区扩大灌溉面积的可能情况,实现 2020 年前黄河供水区的农业用水零增长控制的目标已有相当大的难度。再考虑城乡生活用水增加等因素,预计到 2020 年,黄河流域将缺水 60 亿 ~ 70 亿 m^3。

1.7.2　水污染形势严峻

黄河流域水污染的趋势发展非常迅速。流域内的工业和城镇生活废污水排放量由 1980 年的 21.7 亿 t 增加到 2016 年的 43.37 亿 t,排污量为全国废污水排放量的 5.7%,河流的污径比已达 11%(花园口断面)。

黄河干支流劣于Ⅲ类水的河长比例 20 世纪 80 年代为 40%,90 年代末上升到 60%,2007 年为 56.4%。

2016 年,黄河干流评价河长 5 463.6 km,年平均符合Ⅰ类、Ⅱ类水质标准的河长占评价总河长的 95.4%,符合Ⅲ类水质标准的河长占 4.6%,无Ⅳ类、Ⅴ类、劣Ⅴ类水;主要支流评价河长 16 860.9 km,年平均符合Ⅰ类、Ⅱ类水质标准的河长占评价总河长的 41.6%,符合Ⅲ类水质标准的河长占 12.0%,符合Ⅳ类、Ⅴ类水质标准的河长分别占 9.4% 和 7.2%,符合劣Ⅴ类水质标准的河长占 29.8%,主要污染项目为氨氮、化学需氧量、高锰酸盐指数、五日生化需氧量、挥发酚等;参评省界断面 75 个,其中年平均符合Ⅰ类、Ⅱ类水质标准的断面占比 44.0%,符合Ⅱ类水质标准的断面占比 10.7%,符合Ⅳ类和Ⅴ类水质标准的断面占比 16.0%,符合劣Ⅴ类水质标准的断面占比 29.3%,省界断面水质达标率仅为 58.7%;333 个地表水重要水功能区有 333 个,参评 290 个,达标率仅为 51.4%。

2016 年参评的黄河流域重要城市供水水源地(饮用水)15 处(全部在黄河干流),新城桥、磴口、滨州、利津镫 4 个断面月达标率为 75%,花园口、开封大桥、高村等 3 个断面全年未达标,主要超标污染物为氨氮、铁、锰等。严峻的水污染威胁着供水安全,黄河流域的部分河段和区域已经形成水质型缺水现象,并造成巨大的经济损失,黄河支流的水污染形势严峻。

1.7.3　流域内工农业用水效率较低

由于供水水价严重偏低等,目前黄河流域的水资源浪费和用水效率低下等现象仍然没有得到有效遏制。黄河供水区的农田灌溉平均引水量 2001~2004 年为 270 亿 m^3、2010~2016 年为 353.6 亿 m^3,是黄河流域水资源的耗用大户。由于管理机制粗放、种植结构不合理、灌区工程设施配套差,灌区的灌溉水利用系数仅在 0.4 左右。黄河供水区 2000 年 GDP 用水量 674 m^3/万元,相当于同期淮河、海河、辽河流域的 1.5~2.0 倍。

1.7.4　水资源管理和调度执行仍不到位

水量调度管理手段薄弱。当前黄河水资源统一管理与调度主要依靠行政措施和技术措施,由于法律责任不明确,部分省(区)仍存在超指标引水现象。由于水权分配尚未到市县以下的行政区域,加上原取水许可管理制度缺乏约束力,黄河支流取水许可管理薄弱,部分省(区)总量控制难以完全到位。

1.8　黄河流域现行水资源管理与水量调度制度的不足之处

"八七"分水方案是黄河流域现行水资源管理与调度制度的主要基础与框架支撑。结合 1999 年以来黄河水资源统一管理与调度的实践,从流域水文循环过程的角度来看,以"八七"分水方案为主体的现行黄河水资源管理体系存在以下问题需要进行补充、改进和完善。

1.8.1　"八七"分水方案分配的是河川径流量

"八七"分水方案所分配的水量以各省(区)交界处的水文控制断面可以测得的河川径流量作为控制对象。因此,该方案仅对河川径流量进行分配,属于狭义水资源分配的范畴。以降水、地表水(河川径流)、地下水和土壤水等构成的完整水文循环过程来分析,黄河分水方案只对河川径流量进行分配,这仅相当于水文循环过程中的一部分。在人类活动对水文循环过程干扰日益增大的情况下,只要构成水文循环过程的其他资源量的开发和利用受到扰动,必然会导致河川径流量发生相应的改变,从而使得分水方案失效。

1.8.2　"八七"分水方案分配的是净耗水量

"八七"分水方案是将黄河多年平均水资源总量 580 亿 m^3 扣除河道输沙生态用水 210 亿 m^3 后的 370 亿 m^3 分配给沿黄 9 省(区)及河北省、天津市。因此,其实质上分配的是耗水量,这样分配的好处是明确了黄河河川径流量在区域范围内的耗用总量控制指标,为水资源管理调度提供了基本依据。但是在现行实际管理和调度运行中,能够监测到的是某一区域的引调水量、降水量、退排水量。从引调水量到耗水量的转换没有纳入现有水资源管理体系的监测范围,只能依靠少量的引调水和退排水数据进行经验换算,这给水量管理调度工作带来了不便。

1.9　本章小结

根据 1956~2000 年系列统计,黄河河川天然径流量 535 亿 m^3,地表水资源量为 594 亿 m^3,流域水资源总量为 707 亿 m^3。黄河水资源具有总量贫乏,输沙、生态环境用水和流域外供水任务重,水资源地区分布不均,年内、年际变化大,连续枯水段长,以及天然径流受人类活动和下垫面影响较大等特点。

黄河源区的年径流量分别具有准 2~7 a、准 5~10 a、准 18 a、准 28 a、准 62 a 的波动周期;黄河源区在 20 世纪 90 年代至 21 世纪初的连续枯水时段是由于第 3 阶模态的异常波动造成的;在掌握序列趋势变化的基础上提高第 1 阶模态的预测精度是提高唐乃亥水文站年径流量预测精度的工作方向;按照各阶模态的周期和振幅所显示的变化趋势,预计自 21 世纪初至 21 世纪中叶的这一时期内,黄河源区的年径流量将呈现在波动中增加的趋势,这对于黄河流域水资源开发、利用与保护工作是有利的。

黄河是我国西北、华北地区最大的供水水源,以其占全国河川径流 2% 的有限水资源,承担着本流域和下游引黄灌区占全国 15% 耕地面积和 12% 人口的供水任务,同时还要向天津市、河北省等远距离调水,但黄河流域大部分地区属于干旱与半干旱地区,水资源总量贫乏,尤其是随着社会经济的快速发展,流域内外对黄河水资源的需求量不断增加。为缓解黄河流域越来越突出的水资源供需矛盾,1987 年国务院批准了《黄河可供水量分配方案》,将黄河多年平均天然径流量 580 亿 m^3,在扣除河道输沙生态用水 210 亿 m^3 以后,把剩余的 370 亿 m^3 径流量分配给沿黄 9 省(区)以及邻近的河北省、天津市使用,为黄河水资源管理调度提供了基本依据,在我国大江大河中首次对全河水资源进行了宏观分配。与《黄河水量调度条例》以及相关的取水许可管理办法相结合,"八七"分水方案增强了宏观调控和政策指导,在一定程度上促进了计划用水和节约用水,保证了流域特别是河口地区供水安全,促进了区域经济和社会的稳定发展,确保了黄河不断流,取得了显著的社会、经济、生态等方面的良好效果和效益。然而,随着区域社会经济的快速发展,有些省(区)的引黄耗水量已超过分配的总量控制指标,黄河水资源管理与调度的制度出现了一定程度上失效的现象。从水文循环过程的角度来分析,出现这一局面的原因在于"八七"分水方案形成时受当时理论认识水平、水资源管理理念等因素的限制,调控的是黄河的可供地表水量,侧重于河道取水管理,对水资源的循环转化过程及其耗用机制重视不够,缺乏对水资源耗用过程的调控措施。另外,由于区域需水量越来越大,而地表水可供水量有限,且地表水取水许可的管理力度不断加大,黄河流域工农业和生活取水逐渐趋向于主要依靠地下水作为供水水源,使得地下水开采量逐年增加,造成严重超采,尤其在工业和城镇生活用水方面,地下水的利用量增加更为迅速。黄河水资源的本底状况和管理调度的现实情况迫切需要引入水资源管理的新理念和新方法,以"耗水"管理代替"取水"管理,对现行的以"八七"分水方案为主体框架的黄河流域水资源管理体系进行补充和完善,以更好地实施最严格水资源管理制度,构建经济、社会、生态协调发展的美丽黄河流域。

第 2 章　基于 ET 的黄河流域水资源综合管理技术体系框架

自 20 世纪 80 年代以来,黄河流域在水资源开发利用、工农业节约用水等方面开展了大量的工作,取得了显著成效。在节水研究方面,目前主要侧重于工程措施和用水管理,重视提高灌区农业灌溉用水的利用效率。在"耗水"研究方面,则主要侧重于探讨农田尺度上的作物耗水机理和提高作物的水分生产率,大多以减少取用水和提高作物产量为目标,尚缺少从流域水资源可持续利用和维系良好生态环境的高度来研究流域层面上的节水和高效用水管理措施并借以进行流域水资源综合管理的战略措施。

鉴于黄河流域水资源管理工作的现实需求,本章提出水资源 ET 管理的新理念,并从区域水量平衡方程出发,架构了一个融合 ET 管理理念的黄河流域水资源综合管理技术体系,并对其中的具体技术问题及其可能的解决途径进行探讨。

2.1　广义水资源

2.1.1　广义水资源的基本概念

传统的水资源评价方法认为:大陆水资源的主要来源是降水,在一个封闭的流域内,其可以表述为:

$$P = E + R + \Delta U \tag{2.1-1}$$

式中:P 为总降水量;E 为总蒸发量;R 为径流量(包括地表径流量和地下径流量);ΔU 为地表、土壤和地下含水层的蓄水总变化量。

在传统的水资源评价中,只有径流量是人类可以利用的水资源量,其可以表述为:

$$W = R + Q - D \tag{2.1-2}$$

式中:W 为水资源总量;R 为河川径流量;Q 为地下水资源量;D 为河川径流量和地下水转化量的重复计算量。

与稳定的河川径流量和地下径流量一样,土壤水在陆地水循环中也起着非常重要的作用,是一种可恢复的淡水资源,是植被生存的重要自然资源。就农业方面而言,土壤水分是作物生长的基本条件,是构成土壤肥力的重要因素,无论是灌溉水、潜水,还是天然降水,都是要先转化为土壤水之后才能被作物根系吸收。所以,有效地利用土壤水是农业领域充分利用当地水资源的关键措施。

广义水资源是指通过天然水循环可以得到不断补充和更新,对人工系统和天然系统均具有效用的一次性淡水资源,其来源于降水,赋存形式为地表水、土壤水和地下水。与传统的水资源相比,广义水资源将土壤水、降水的植被截留和地表填洼都认为是水资源。

从广义水资源概念的界定出发,大气降水可分为三类:第一类是无效降水,指天然生态系统消耗的、人工系统无法直接利用的那部分降水,如消耗于沙漠、戈壁、裸地和天然盐碱地的蒸发。第二类是指有效降水和土壤水资源,可被天然生态系统与人工生态系统直接利用,却难以为工程措施所调控,但是可以通过调整发展模式来增加对这部分水分的利用。有效降水包括各种消耗于人工生态系统(人工的林地、草地、农田、鱼塘、工业区、城市、农村等)和天然生态系统(各类天然林草和河湖)的降水和河川径流量。第三类是指径流性水资源,包括地表水、地下含水层中潜水和承压水,这部分水量可以通过工程措施加以开发利用。

广义水资源概念的界定对于水资源的合理配置与有效管理具有重要意义。将与生态系统具有密切关系的一切水分评价为水资源,对于生态环境保护和社会经济发展具有决定性和创新性的意义;将水资源的概念从传统的径流性水资源拓展到包括降水产生的填注截留量以及非径流性水资源,即将降水作为区域水分需求的前提,为土壤水资源调控提供了理论上的科学依据,对于水资源的高效利用及水资源管理理念的更新具有重要的指导意义。

2.1.2　广义水资源的赋存形式

人类可以直接利用的水包括江、河、湖泊中的地表水,储藏在地下含水层中的地下水,以及可以被植物吸收和利用的土壤水,大气降水是它们的主要来源。广义水资源的赋存形式有地表水、地下水和土壤水 3 种。

2.1.2.1　地表水

对于某一区域而言,地表水资源是指存在或运动于地球表面的不同形态的自然水体,由大气降水、冰川融水和地下水补给,经水面蒸发、河川径流、土壤下渗等形式进行排泄。河川径流量主要由地表径流量、排入河道的地下径流量和高山冰川消融径流量组成。地表径流量由降水以超渗或蓄满产流的方式形成。地下径流量是指渗入地下含水层而排泄到河流中的那部分水量,冰川水是内陆河流水资源的重要组成部分。河川径流量有 4 种调蓄作用:①河流自身的调蓄;②沟、渠、塘、田的调蓄,包括天然和人工引水灌溉和储水;③天然湖泊的调蓄;④水库、洼淀、平原闸坝的调蓄。

2.1.2.2　地下水

对于某一区域而言,地下水资源指的是地下含水层由降水和地表水下渗补给的,以河川径流、潜水蒸发、地下潜流等形式排泄的水量。一般分为补给量、储存量和允许开采量。补给量是指由大气降水渗入、地表水渗入、地下水径流流入、人工补给、越流补给等途径进入地下含水层中的水量。储存量是指地下水在历史时期积累形成的水量。允许开采量是指在整个开采期内水量不发生明显减少、地下水位变化不发生危害的前提下,通过技术可行、经济合理的取水工程措施所允许开采的水量。

2.1.2.3　土壤水

土壤水资源存在于地下水潜水面以上的包气带的土壤中,补给途径包括降水入渗补给和地下水毛管上升补给。土壤水的调节量是指在一定时期内,天然状态下的土壤最高含水量和最低含水量之间所储存的水量。

土壤水主要以毛管水的形式供给作物吸收和利用,处于不断的水文循环过程之中,即使不被作物吸收,也会因为自然蒸发而消耗。因此,促使降水量和灌溉水量转化为土壤水,增加土壤水以毛管水形式的蓄积量并减少它的非生产性消耗是实现土壤水调节和降水有效利用的两个重要方面。在控制地下水位的条件下,使灌溉水量既不产生过多的深层渗漏,又能由深层蓄水及时向作物根系活动层补充水分以充分利用土壤水资源。土壤水资源调控的主要途径包括增加土壤水资源量、控制土壤水分的蒸发和植被的无效蒸散发。

2.2　ET 管理的理念

2.2.1　农田灌溉中"真实"节水的概念

在资源性缺水的地区如何进行农业节水灌溉是一个值得认真思考的问题。目前,世界各国采用的农业节水措施的作用主要体现在以下三个方面:

(1)减少渠系输水过程、田间灌水过程的深层渗漏和地表流失的损失量(包括减少渠系退水量和田间排水量),提高灌溉水利用率,减少单位灌溉面积的取(用)水量;

(2)减少田间和输水过程的蒸腾蒸发量,从而减少农田内的水分净消耗量;

(3)提高灌溉质量和农田水分生产效率,以等同的水分消耗量获取更高的农作物产量。

传统的农业节水灌溉的重点是以工程措施为主、以提高灌溉水的利用率为目标,其观点是认为由于灌溉水利用率的提高所减少的渠系和田间的渗漏量、渠道退水量及田间排水量全部是节约的水量。因此,试图将这部分水量全部用于扩大灌溉面积或增加灌水次数(提高灌溉保证率),以增加经济作物或粮食作物的产量。然而,从水资源系统的观点来看,在一般的情况下,灌溉水利用率的提高并不一定节约了那样多的水。这是因为,在节水灌溉措施采取之前的灌溉取水量中有一部分是属于可回收的水量。这部分水量就是采取节水措施之后所减少的渠道退水量、田间排水量和地下水的各项补给量,这部分水量并没有损失,仍然存留在水资源系统内或被下游地区以及生态环境所利用。如果把这部分水量认为是节约的水量,全部用于扩大当地的灌溉面积;或者,虽然未扩大灌溉面积,但是全部用于增加灌水次数以便提高灌溉保证率,或种植高耗水量的作物,这样对水资源系统而言,不但没有节约用水,反而多用了水。这是因为随着作物灌溉面积的增加或灌溉保证率的提高,作物生长所需要的净消耗水量也相应增加。其后果是采取节水灌溉措施以后,特别是在资源性缺水地区,将使水资源量更加短缺,使地下水超采更加严重,生态环境遭到破坏,下游用水受到显著影响,水资源不能持续利用。

传统农业灌溉节水方式下的地下水蓄存量变化如图 2.2-1 所示。曲线 Q_1 表示取水前的地下水蓄存量曲线,曲线 Q_2 表示可持续发展方式下的地下水蓄存量曲线,曲线 Q_3 表示超采取水后的地下水蓄存量曲线。显然,从时段 T_1 到 T_2,$\int [Q_1(t) - Q_3(t)] \mathrm{d}t$ 为地下水实际开采量,$\int [Q_1(t) - Q_2(t)] \mathrm{d}t$ 为地下水可持续开采量或地下水的天然补给量,

$\int [Q_2(t) - Q_3(t)] dt$ 为地下水的超采量。Q_t 为地下水蓄存量在时间 t 的变化率，$Q_t dt$ 为地下水蓄存量的瞬时变化量。图 2.2-1 表明，只有当地下水的实际开采量小于或等于地下水的天然补给量时，地下水资源才能实现可持续利用。

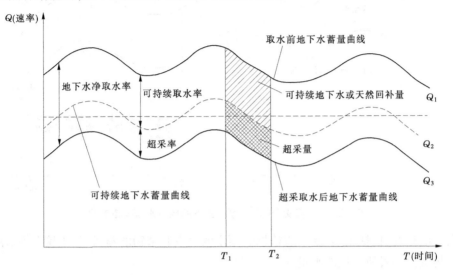

图 2.2-1　传统农业灌溉节水方式下的地下水蓄存量变化

实践研究成果也表明，采用传统的农业灌溉节水方法，在取水量不变的情况下提高灌溉水利用率，将比无节水项目时多用水。因此，节水灌溉设计应该采用"真实"节水的理念，即在采用工程措施提高灌溉水利用率的同时，应该分析和估算到底真正减少了多少水资源的损耗量，而不是简单地认为由于灌溉水利用率的提高所能够多利用的水量就是节约的水量。在资源性缺水的灌区，从水量平衡的角度来讲，真正节约的水量应该等于作物蒸发蒸腾量（ET）与其他不可恢复的损失水量二者之和的减少量。它强调区分传统节水中可回收水量和不可回收水量的概念，认为只有减少不可回收水量的消耗才是真正意义上的节水。在地下水超采区，首先要考虑减少不可恢复的损失水量，其次应当考虑减少作物的蒸发蒸腾量，同时提高水分生产率。评价资源性缺水地区农业灌溉节水工作的成绩，不应该仅仅以发展多少节水灌溉面积、安装了多少节水设备或渠系水利用系数提高了多少去衡量，还应该以"真实"节水量（综合 ET 的减少量）和水分生产率去衡量。后两个指标具有更为明显的重要性。农业节水灌溉的发展方向是采用综合措施节水，其目的是减少 ET，特别是减少无效 ET，大力提高水分生产率，增加作物的产量或引进优质的抗旱品种来提高作物的产量，从而提高农民的收入。

"真实"节水灌溉方式下的地下水蓄存量变化如图 2.2-2 所示。"真实"节水可以使地下水资源逐渐达到动态平衡或无超采，实现地下水的可持续利用，是对传统节水概念的更新和延拓。

2.2.2　ET 管理的基本概念

ET 是英文 evapotranspiration 的缩写，即蒸发、蒸腾，其物理意义是指水分从地球表面

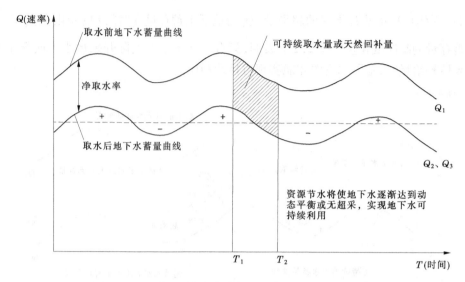

图 2.2-2   "真实"节水灌溉方式下的地下水蓄存量变化

移向大气的过程,包括土壤、水面与植株表面水的蒸发和植物的蒸腾,是土壤蒸发、水面蒸发和植物蒸腾三者所消耗的水量。

ET 既是复杂的水文循环过程的重要环节之一,也是地表能量平衡的基本组成部分和陆面生态过程的关键参数。除气候条件、土壤因素和地面覆盖物自身特性等自然因素对 ET 的影响很大以外,实际的 ET 还取决于人类活动对土地利用类型的改变及对水文循环过程的改变等。

通过 2.2.1 节中对传统节水灌溉工程所节约水量及过程的深入分析,可知其真正节约的水量是灌溉取用水量在输送环节中不可回收利用的那部分水量,即输送过程中的蒸腾蒸发损耗水量。若以此为指标来发展灌溉面积,其结果必然是:虽然渠系水利用系数在提高,但节水灌溉面积增加所引起的作物田间蒸腾蒸发量的增加而导致的水量消耗超过了因采取工程措施而减少的水量输送过程中的蒸腾蒸发损耗水量,进而使得灌溉系统的整体耗用水量呈增加趋势。因此,只有减少灌溉系统中所有环节的蒸腾蒸发量,节约不可回收的水量,实现资源性节水,才是"真实"节水。推而广之,一个流域或区域内的地表水、土壤水和地下水在一定的条件下可以相互转化,其中蕴藏的水资源只是在赋存形式上发生了变化,而非水量的减少,仍可资区域内的经济、社会、生态系统通过各种方式加以利用。由水量平衡方程可知,只有 ET 才是区域水量的实际减少,属于水资源的净消耗量,是一个区域的真实耗水量,只有减少区域 ET 值才是真正的节水,是"资源节水"。由此,提出了 ET 管理的水资源管理新理念。

综上所述,所谓 ET 管理,就是以耗水量控制为基础的水资源管理,其实质是在传统水资源管理的需求侧进行更深层次的调控和管理,是立足于水循环全过程的、基于流域或区域空间尺度的、动态的水资源管理。在现代变化环境下,针对水资源短缺日益严重的形势,立足于水文循环,进行以水资源消耗为核心的水资源管理不仅是非常必要的,而且是非常迫切的,是资源性缺水地区加强水资源管理的必然发展趋势。

　　根据 ET 管理的新理念,从大空间尺度上的流域水资源宏观管理的角度出发,ET 的概念也就从传统的狭义 ET 拓展到了广义 ET,即流域或区域的真实耗水量,它既包括传统的自然 ET,也包括人类的社会经济耗水量(可称之为人工 ET),是参与水文循环全过程的所有水量的实际消耗。据此,广义 ET 包括以下 3 个组成部分:①传统意义的 ET,即土壤、水面蒸发以及植被蒸腾;②人类社会在生活、生产中产生的水量蒸发;③工农业生产时,固化在产品中,且被运出本流域或区域的水量(称之为"虚拟水",此部分水量对于本流域或区域而言属于净耗水量)。

2.2.3　ET 研究的国内外进展

2.2.3.1　蒸腾蒸发量计算方法的研究进展

　　目前,国内外有关蒸腾蒸发的研究比较多,从研究的空间尺度上来看,主要包括以下3 个方面:在植株微观尺度上,主要集中于对植被吸收、散失水分的生理过程的研究;在农田中观尺度上,与植被的具体生长环境相结合,定量研究影响蒸发蒸腾;在流域或区域宏观尺度上,利用分布式水文模拟和遥感反演两种方式来研究大空间尺度范围内的蒸发蒸腾。其中,农田中观尺度和流域或区域宏观尺度上的蒸发蒸腾量的定量研究是实现流域或区域水资源需求侧 ET 管理的技术支撑。

　　在农田中观尺度上,近年来国内外学者依据微观植被蒸腾蒸发机理,结合农田微气候条件相继提出了非充分灌溉、调亏灌溉以及控制性根系交替灌溉等诸多农田节水灌溉方式,其实质是通过调节农田蒸发蒸腾的方式,实现在粮食不减产或少减产的前提下,减少水资源的供给量,提高水资源的利用效率。这也是大空间尺度上 ET 管理的发端之处,为在生产实践中进行蒸发蒸腾量的调控做出了有益的探索,为进一步在流域或区域宏观尺度上研究蒸发蒸腾量的调控措施奠定了基础。

　　综上所述,分布式水文模型和遥感技术是目前计算大空间尺度上 ET 值的两种比较成熟的途径,是实施 ET 管理的基本技术手段。

2.2.3.2　ET 管理的研究进展

　　ET 管理的理念是世界银行的专家从 2001 ~ 2005 年实施的利用世行贷款发展节水灌溉项目中的"真实"节水的概念发展而来的。大空间尺度上的 ET 管理理念肇始于 GEF 海河流域水资源与水环境综合管理项目,其提出的背景是海河流域虽已实施多年的节水灌溉项目,但随着节水灌溉面积的扩大和渠系水利用系数的提高,地下水长期超采、入渤海水量大幅度减少、地面沉降、海水入侵等生态环境恶化问题仍未得到有效缓解。

　　在区域 ET 管理研究方面,胡明罡等认为 ET 是北京市农业用水最主要的消耗量,利用遥感技术监测 ET 值不仅可以制定合理的区域灌溉用水定额,提高地表水与地下水的监测与管理水平,还可以为政府部门进行流域水资源管理和区域水资源利用规划提供决策依据。梁薇等介绍了 ET 的基本概念和计算方法,并以馆陶县为例,计算了 2002 ~ 2004 年该县项目区的 ET 值,同时利用 ET 值和年均地下水允许开采量对馆陶县的水资源进行水权分配以实现地下水的可持续利用。赵瑞霞等从海河流域面临的严峻水资源形势入手,把基于 ET 管理的以供定需的水资源配置方式应用于河北省临漳县,实现了区域水资源的可持续发展和利用。王浩等依据水资源的特性,对土壤水资源进行了重新定义,并结合其动态转化关系,以消耗项——蒸发蒸腾(ET)为基础,剖析了土壤水资源的消耗结构和效用,将区域土壤水资源的消耗效用分解为 3 部分:高效消耗(植被蒸腾消耗)、低效消耗(植被的部分棵间蒸发)和无效消耗(裸地和植被的部分棵间蒸发)。此外,还按照是否参与生产,又将高效消耗和低效消耗作为生产性消耗,无效消耗由于其参与水循环而被认为是非生产性消耗,并以黄河流域为例,采用 WEP – L 分布式水文模型,对土壤水资源的消耗效用进行了分析。汤万龙等从宏观上探讨了一种基于 ET 的水资源管理模式,定性构建了基于 ET 的用水分配以及用水转换模型。王晓燕等以河北省馆陶县为例,通过计算馆陶县的 ET 值,利用 ET 技术进行水权分配,为馆陶县的水资源开发利用和保护提供了理论支持。蒋云钟等基于"真实"节水理念,提出了基于流域或区域蒸腾蒸发量指标的、以可消耗 ET 量分配为核心的水资源合理配置技术框架。该框架以分布式水文模型、多目标分析模型、水资源配置模拟模型等组成的模型体系为支撑,包括了可消耗 ET 计算、可消耗 ET 分配和 ET 分配方案验证等技术流程,围绕 ET 指标进行水平衡分析与分配计算,并以南水北调中线工程实施后北京市水资源的合理配置问题为实例进行了应用研究。殷会娟等认为基于 ET 的水权转让,内涵就是控制区域真实耗水量,保持水权转让前后区域的净耗水总量不变,转让方出让的水量必须是节约的净耗水量,接收方必须先采取措施降低高耗水 ET。王晶等提出了基于 ET 技术降低蒸腾蒸发以实现节水的理念,并将其应用于河北省馆陶县,提高了水资源利用效率,推动了海河流域资源性缺水地区水资源的可持续利用。李京善等阐述了 ET 分类及其实用的确定方法,针对 ET 管理在农业用水规划和管理中的应用,详细介绍了其应用步骤,并以成安县为例,说明了 ET 管理在资源性缺水地区农田灌溉用水管理中的显著成效。王浩等针对流域或区域水资源匮乏程度日益严重的情势,立足于水循环全过程,以水资源在其动态转化过程中的主要消耗——蒸发蒸腾(ET)为出发点,全面论述了在现代水资源管理中开展以"ET"管理为核心的水资源管理的必要性和可行性,并以黄河流域土壤水资源为研究实例,在采用 WEP – L 分布式水文模型对全流域水循环要素系统模拟的基础上,开展了黄河流域土壤水资源数量和消耗效用分析,结果表明,立足于流域或区域水循环过程,开展以"ET 管理"为核心的水资源管理,不仅可以避免水资源的闲置,而且有利于从"真实"节水的角度提高水资源的利用效益,缓解流域或区域水资源的匮乏程度,是对传统水资源需求管理的有益补充。魏飒等 2010 年建立了基于 ET 理念的水资源平衡关系,分析了项目区可利用水资源量及耗水量(及 ET 值),得出了不同水平年下的供需平衡结果,为缺水地区的水资源供需平衡提供了一种新的分析依据。

2.3　ET 管理的特点

　　传统的水资源管理是以供需平衡为指导思想的,更多地体现为用水节约,而不是水资源节水,即在有限的水资源供给条件下,通过采取工程措施和非工程措施(种植结构调整、产业结构调整以及管理等手段的实施),尽可能满足区域的水资源需求。为解决资源性缺水地区水资源供需矛盾,国家和地方政府投入大量资金发展节水灌溉,尽管如此,当地水资源仍然无法满足工农业、城市发展,人口增长和生态环境改善的用水需求。由此,认识到现行的常规做法对缓解水资源紧缺发挥了很大作用,但其着眼点没有关注 ET 消耗,水分生产率不高。通过工程措施和非工程措施提高水的利用率所产生的节水效果,主要是减少了取水量,属于工程性节水。而以"ET 管理"为核心的水资源管理,则是建立在区域水资源的供给和消耗的基础上,即在以有限水资源消耗量为上限条件下,采取各种工程或非工程措施,最终实现水资源的高效利用,关注的是资源性节水,也就是"真实"节水,即减少耗水,控制 ET,实施耗水管理。

以"ET 管理"为核心的水资源管理理念中的节水,是从水资源消耗的效用出发,不仅重视循环末端的节水量,而且将水循环过程中的每一环节中用水量的消耗效用依据是否参与生产,分为生产性消耗和非生产性消耗(有效 ET 和无效 ET)。其中,生产性消耗也称有效消耗,又可进一步分为高效消耗和低效消耗;非生产性消耗通常又称为无效消耗量。所以,以"ET 管理"水资源的实质是在传统水资源管理的基础上,进行更深层次的调控和管理,也是对水循环过程中水资源消耗过程的一种管理。因此,耗水管理不但是对供水管理、需水管理理念的延伸和发展,改变了传统的水资源管理模式,而且遥感监测 ET 技术的引入又为资源性缺水地区水资源可持续利用提供了有效工具。

此外,传统意义上的水权更多地强调水资源的所有权和使用权,对于如何从整个水资源系统可持续利用角度上用好水权的同时确保可持续利用涉及较少。ET 管理比较强调水权的三个要素,即可用的水量、可消耗的水量、应当回归的水量,分不同行业,相对全面地监控了水资源开发利用的各环节,对于水资源的可持续开发利用具有更好的管理作用。

当前在水资源短缺的条件下,仍然存在用水浪费和效率低下的情况,尤其是在地处干旱、半干旱地区的黄河流域,对于取用水总量和用水效率的控制显得尤为重要,因此采用 ET 管理直接瞄准用水的绝对消耗量,进而把控制指标落实到日常水资源管理的可控环节当中,因此 ET 管理的这一特点使其成为当前提高流域水资源管理工作水平和工作能力的迫切需求。

2.3.1　全新的管理特色

由于 ET 数据的探测和验算并不直接依赖于水平衡,相反,可以作为水平衡的一种验证,因此 ET 管理在很多方面与传统水资源管理是有差异的,其特色主要体现在以下几个方面。

2.3.1.1　终端式管理

ET 本身就是消耗,ET 管理的核心理念就是直接控制消耗,这正是整个水资源管理中最核心的部分,是在水资源供用耗排的终端进行管理。传统的水资源管理当中,供水量、用水量属于监测量,水资源量、可利用量、地下水开采量属于不可控量,水资源消耗量、排放量依赖大量的参数或者系数。因此,对整个供用耗排过程中最重要的环节,也是终端环节——水量消耗并不能很准确地监测和控制。而遥感监测的 ET 是通过遥感数据解析生成,直接瞄准的目标就是水资源系统的消耗量,其结果一目了然,相比传统的核算结果,比较精准。采用 ET 作为管理的指标或者手段,管理本身也比较直接,效果得以提升。

以地下水为例,传统方法计算地下水资源量是通过试验获取不同计算分区的给水度、降雨入渗补给系数、渠系渗漏补给系数、田间灌溉入渗系数、潜水蒸发系数、渗透系数等,进行各项补给量和排泄量核算;地下水可开采量在补给量的基础上用可开采系数法确定。采用数量众多的参数使得计算结果变异性很大,降低了结果的准确性。除计算结果的准确性之外,还有观测和统计结果的准确性问题。目前,海河流域地下水灌溉系统主要存在3 种水费收取办法:按耕地面积收费(元/亩)、按时间收费(元/小时)和按用电量收费(元/千瓦时),其中按用电量收费的比例最大。不能依照用水量收取费用使得灌溉用水量的统计准确性降低。

2.3.1.2　全方位管理

传统水资源规划中的水平衡有降雨入渗的补给量、排泄量的平衡,有开发利用中供用耗排的平衡,但总体上都是较小尺度的平衡,其焦点也在于可利用的资源量和供用水量上。基于 ET 的水平衡则是考虑降雨、入渗、入海、区域交换和蒸发的较大尺度水平衡,也是在管理过程中增加了一个关键物理变量,从而将水资源的供用耗排管理的全过程以全链条方式控制起来,比传统水平衡多了一个因素,即蒸发。而蒸发是衡量一个流域或区域用水消耗量的重要指标,也是整个水资源量中最大的消耗量。传统水平衡对蒸发的忽略使得很难真正意义上确定流域内用水消耗,也就不能真正意义上解决水资源短缺和高效用水的问题。正是因为基于 ET 的水平衡把水循环的各个因子都纳入其中,如果实现对所有因子的管理,也就可以全面地综合把握、宏观度量整个水平衡,实现管理的全方位性。

2.3.1.3　全要素管理

ET 包含农业 ET、生态环境 ET、城市生活和工业 ET,按照土地利用和植被类型来说,包含了水面、田地、森林、草场等各种植被类型的 ET,也因此可以将 ET 分为可控 ET(如农田灌溉)和不可控 ET(沙漠、草、森林)。传统水资源管理的焦点往往在于可控的那部分水量,如水资源配置往往着眼于地表水资源的可利用量和地下水资源的可采量。实际上对于整个流域水循环系统而言,消耗水量比较大的部分恰恰是不可控的那部分水量,而且随着认知水平的提高和科技进步,原来认为不可控的部分,如森林、草场并不一定是完全不可控制的。通过水土保持措施,人们可以对沙漠、荒山进行改造,然而尽管可以保持水土、减少沙尘等,带来的蒸发也是巨大的,很多水土保持措施甚至需要固定的人工补水,那么如何衡量不可控的这部分 ET 是否是科学或者说是节水的,是我们面临的很重要的问题。当前比较风靡的城市水生态建设也存在这个问题,在北方严重缺水地区,是否有必要为了生态景观维持大面积水面去蒸发也是值得思考的。如果实践证明,在水资源短缺地区,这样的水资源利用和消耗方式并不科学,那么从管理上来说完全可以通过政策上的调控,实现植被和土地利用方式的改变。遥感监测 ET 则可以详尽地反映任何一种土地利用和植被面上的实际蒸发情况,这对于流域水资源管理而言,不仅是实现对所有造成水资源消耗的要素的管理,而且对于流域社会经济水资源优化配置等宏观管理决策也具有积极而有效的参考价值和指导意义。

2.3.1.4　实时性管理

传统水资源管理比较依赖于用水计划的制订和总结,按照计划配水、用水,年终按照供水量进行核算,决定是否少用和超用。而且在进行计划和核算时,一般会依赖大量的参数,这些参数往往不能较好地反映自然环境的变迁和人类活动的影响。近几十年来,随着人类活动日益频繁,下垫面的变化使得年际之间各种资源量和补给量差异较大,而一般流域或区域水资源规划中评价的结果(如地下水可开采量)是一个长系列的多年平均值,始终保持不变,在实际运用中存在一个脱节的问题,例如当年的降雨和开采量及多年平均可开采量之间一般是不具有可比性的。因此,以往长系列多年平均的水资源评价成果和具有随机性的年降雨情况相比来进行核算,会造成结果在一定程度上失真。而通过遥感监测等手段来实施的 ET 管理技术则具有很好的实时性,既可以通过某时刻的 ET 值对各项用水量进行核算,也可以借助于蒸发状况对整个用水过程进行监控,做到纠偏与及时反馈,进而提升流域水资源管理水平和管理能力。

2.3.1.5　客观性管理

在传统的水资源管理中,监督和考核一直是一个比较困难的问题。首先,对于用水量的核算就有一定的不确定性和误差,也容易造成有关行政区域地方领导对于具体的用水量多少、水质和排污情况等水资源开发利用数据可能存在一定的人为干预,导致经过统计渠道核算的水资源供用耗排数据和实际情况可能存在一定的偏差,实际操作当中也很难将其作为考核的依据。通过基于 ET 的水资源管理技术,以遥感监测 ET 等作为基本依托手段之一,同时监控有关流域水资源开发利用的水权三要素,即可利用水量、可消耗水量、需要回归本系统的水量。该三要素是一个有机的整体,对于农业用水户而言,引用水量的回归部分通常会比较难以获取,往往可以通过控制可利用水量和 ET 消耗量来进行全方位的水权管理;对于城镇和工业用水者而言,消耗量涉及较多的产品和生物水量消耗,消耗量难于核算,可以通过对可用水量和城市系统排放量进行监测,实现三要素的管理。

2011 年的中央一号文件提出实施最严格水资源管理制度,不仅要严控三条红线,而且要建立水资源管理责任和考核制度。采用 ET 管理与传统水利管理手段相结合,可以通过借助遥感技术对区域水资源消耗量进行监督和考核,直接实行耗水管理,为积极践行最严格水资源管理制度提供一种具有客观性的辅助考核手段与考核方式。

2.3.2　顺应新形势要求

ET 并不是完全的新事物,在传统水资源管理当中也是有体现的,传统观测 ET 值是在灌溉试验站进行,目的是研究农作物的灌溉问题。观测方法是在农作物的种植地块上,选择固定点,按规定的时制和层次,测量土壤含水量的变化,分阶段统计计算水分消耗量,得出各种作物不同发育阶段的 ET 及全生长期的 ET。根据测得的 ET,设计作物的灌溉制度和灌溉用水量。20 世纪 50 ~ 60 年代发展的彭曼 - 蒙蒂斯(Penman-Monteith)方法,由于对不同作物、不同气象条件下蒸发蒸腾量的扩展研究和世界粮农组织的推荐,更加成熟,也使 ET 的观测计算更加准确。这种观测 ET 的方法在我国有数十年的历史,积累的资料为灌溉定额制订、农业用水标准制订、灌区规划设计、计划用水管理及流域和地区水利规划提供了科学依据和方向指导。

但是,上述方法存在其自身的局限性。一是,由于是人工操作,布点不可能很多,只是针对主要作物开展观测,而对许多小品种的杂粮、园艺、树木、饲草料等研究得很少,因此不适合大面积的详细调查;二是,定点测土壤含水量,观测作物的 ET 值,由于土壤的物理性质和水分状况空间变异性很大,所以观测的误差有时很大;三是,虽然在试验站的观测地块上,可用多点取样办法,减小观测误差,但把试验站上小面积的观测数值推广到大区域应用时,仍然难免以点带面产生误差;四是,研究流域和地区的水资源问题,不仅要取得农田灌溉用水、工业用水和城乡人畜用水的数据,也要取得各种环境因素的耗水数据,后者不仅研究得少,而且没有适当的观测方法。

对于地表水和地下水耗水量均较大的黄河流域,在当前水资源严重短缺的情势下,ET 的监测和总量控制对流域的水资源管理、区域规划和可持续发展很重要。

最严格的水资源管理制度的首要核心内容是建立用水总量控制制度,其中的总量是指取水量,ET 管理有助于在取用水管理的基础上,再以耗水指标辅助总量控制管理工作,对于总量控制管理是有益的补充和提升,ET 管理和总量控制可以相辅相成。

其次,最严格的水资源管理制度要求建立用水效率控制制度,要求加快实施节水技术改造,普及农业高效用水技术。ET 管理以耗水管理为核心,最重视节水,大力提倡"真实"节水。传统的灌溉配套设施和灌溉方式中,曾大力提倡喷灌,然而研究证明,喷灌在华北西北湿度小、蒸发量比较大的区域很难收到很好的节水效果。喷灌本身存在喷雾损失和灌溉截留,水分大量遗留在作物叶面,迅速蒸发进入空气,并没有被作物真正吸收。又比如渠灌的衬砌设施,虽然减少了渗漏损失,但并没有减少耗水量,渗入地下的水分进入地下水系统,并没有真正损失。这两种情况下并没有节约水资源,也就不是"真实"节水。世界银行近年来在新疆和海河流域的河北省等地推广实践了世行节水项目,以 ET 作为耗水管理的表征指标,推行节水和高效用水,通过 ET 值调控作物的灌溉时段和水量,合理灌溉,科学管理,减少耗水的同时提升作物水分生产率,收到了很好的效果,是基于 ET 的水资源管理的良好实践。

总体来讲,ET 管理虽然有新的理念和方法,但并不是全新的东西,而是在过去无数实践的基础上不断探索衍生而出的,与包括我国在内的世界各国在过去几十年的水资源管理的发展历程密不可分,也是与我国长期以来的水资源管理思路是一脉相承的。最严格水资源管理制度的实施,为 ET 管理搭建了最广阔的舞台,ET 管理顺应了新时代和新形势下的水资源管理工作的发展要求。

2.3.3　反映了科技进步

实施 ET 管理,关键是要有对 ET 进行观测和计量的技术手段和方法。随着对地观测领域的科学技术的迅猛发展,ET 的估算和监测手段与方法已有重大进步。利用卫星遥感数据估算区域 ET,已有了较为成熟的方法。例如,遥感监测系统(ETMS)通过对净辐射量、土壤热通量、感热通量和潜热通量等热通量指标的能量平衡分析,可以估算流域或区域的 ET 值,生成任意时段 ET 分布图。从 ET 分布图上可以直接得出各种土地利用类型的 ET 值,用作各种对比分析。

遥感监测 ET 技术对流域蒸发量的获取使得进行较大尺度的流域水平衡成为可能。较大空间和时间尺度上的水平衡是在降雨、外来水、入海水量、蒸腾蒸发(ET)和地下水储量变化等因素之间建立起联系,在已知降雨量、地下水储量变化量、入海水量和外调水量等水平衡要素的基础上,ET 量也能够被推求,进而为校核和验证流域 ET 提供了一种技术途径。

在实施 ET 管理的过程中,可以构建基于重力卫星的黄河流域地下水储量变化反演模型,可以进行流域地下水资源变化的逐月的自动化监测与评价,实现黄河水量调度及地下水压采等水利管理工作效果的独立与快速评估。

重力反演与气候试验(Gravity Recovery and Climate Experiment,简称为 GRACE)卫星,是美国国家航空航天局(NASA)和德国航空太空中心(DLR)于 2002 年合作发射的用以观测地球重力场变化的卫星,可以通过"感知"地球重力场来监测地球表面及内部质量分布的时空变化。在剔除地球内部岩浆、潮汐等其他影响后,GRACE 监测到的地球质量变化主要是由于水储量变化而引起的。而水储量的变化主要包括地下水、土壤水、地表水的变化,结合模型或观测再次剔除其他因素(如土壤水、地表水)后就可以得到地下水储量变化。

水储量变化反演原理为:

$$\Delta\sigma(\theta,\lambda) = \frac{\alpha\rho_e}{3\rho_w}\sum_{l=0}^{n}\sum_{m=0}^{l}\overline{P}_{lm}(\cos\theta)\frac{2l+1}{1+k_l}[\Delta C_{lm}\cos(m\lambda) + \Delta S_{lm}\sin(m\lambda)] \quad (2.3\text{-}1)$$

式中:$\Delta\sigma$ 表示坐标为 (θ,λ) 处的以等效水高表示的水储量变化值,mm,θ 和 λ 表示计算点的余纬和经度;α 表示地球赤道平均半径,取值为 6 378.2 km;ρ_e 表示地球平均密度,kg/m³,取值为 5 517 kg/m³;ρ_w 表示水的密度,kg/m³,取值为 1 000 kg/m³;k_l 表示 l 阶负荷勒夫数;无量纲系数 ΔC_{lm} 和 ΔS_{lm} 表示大地水准面变化球谐系数;$\overline{P}_{lm}$ 表示标准缔合勒让德函数,l 和 m 表示该函数的阶和次。

地下水储量变化反演原理为:

$$\Delta TWS = \Delta GWS + \Delta SMS + \Delta SWS \quad (2.3\text{-}2)$$

式中:ΔTWS、ΔGWS、ΔSMS、ΔSWS 分别表示总水储量变化值、地下水储量变化值、土壤水储量变化值、地表水储量变化值,m³。其中,ΔTWS 来自 GRACE 反演结果,ΔSMS 可以根据实测土壤水分或者模型模拟结果(如全球陆面数据同化系统 GLDAS)计算,ΔSWS 可以根据大中型水库监测数据计算。

(1)技术途径。①对 GRACE 球谐系数(版本 RL05,来源 CSR、JPL、GFZ、GRGS)进行去条带、滤波、误差校正等处理,得到总水储量变化 ΔTWS,结合其他水储量组分的模拟、观测得到地下水储量变化 ΔGWS。重力卫星反演地下水储量变化的主要技术流程如图 2.3-1 所示。②结合地下水位的水井观测、流域水量平衡、水资源公报等不同数据来源对反演的 ΔGWS 进行对比、验证,调整步骤①中的反演参数,建立适合黄河流域的重力卫星反演模型,实现流域尺度(1°×1°)、逐月、自动化监测。③针对外流域引黄、地下水压采等水资源管理需求,结合小尺度信号校正的正演模拟方法,对"引水区""压采区"等重点地区进行监测,实现跨流域调水与地下水压采效果的独立和快速评估。

(2)模型的输入与输出。①输入数据:GRACE 球谐系数有 CSR、JPL、GFZ、GRGS 多种可选;土壤水分(月)为 GLDAS 产品或者实测;大中型水库蓄水量(月)来源于相关公报、月报。除此之外,在模型建立、验证阶段还需要地下水位、给水度/释水系数、降水量、流域地表出流量。②模型输出:水资源总量变化 ΔTWS(1°×1°,月);地下水储量变化 ΔGWS(1°×1°,月);在有其他辅助数据下,还可能输出(需要开展进一步研究)地下水开采量、地下水补给量、耗水量。

(3)主要技术成果及其支撑作用。①技术成果主要包括黄河流域地下水储量变化重

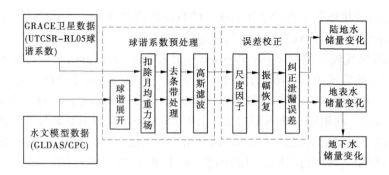

图 2.3-1　重力卫星反演地下水储量变化的主要技术流程

力卫星反演模型、重点区域(受水区、压采区)地下水资源变化评估模型、黄河流域地下水储量变化评价报告。②技术成果对水资源管理工作的支撑作用主要有便于更好地了解流域尺度的水资源总量情况,便于实现地下水储量变化的日常化(逐月)、自动化监测,以一种独立、客观的手段定期评估跨流域调水、地下水压采的效果,探索构建自动化评价系统,进行日常化(逐月)、自动化评价。

得益于遥感、重力卫星等对地观测技术的进步,首先,ET 管理在技术上实现了不再采用统计办法就能获取地下水开采量的途径;其次,在管理上显示出较好的操作性,管理者仅需要了解降雨和 ET 就可以对地下水管理制定决策,并可以实现与地下水管理决策的互动式校核。因此,较之传统办法,ET 管理这种可以适应于较大时空尺度的水资源管理技术方法就显示出了很大的优越性。

此外,在节水和高效用水的领域,ET 技术也扮演着更为重要的角色。遥感监测 ET 结合雷达测雨系统,可以对流域气候特点进行模拟分析,结合土壤墒情的监测结果,实现有预警、有指导的农业灌溉,在减少水资源消耗的同时,实现农作物不减产,提高水分生产率,达到高效用水。

在未来年份,流域管理机构可以根据流域水资源情势的变化和现状存在的问题,为未来不同的年份制定 ET 目标,然后分解到各个支流流域,通过各种管理措施实现在减少 ET 的同时也恢复生态,助力黄河流域水生态文明建设。

在国外,ET 已有了更为广阔的应用,例如东南亚地区利用遥感监测蒸发数据结合气候模型以及潮汐规律,对风暴潮、城市洪水情况进行预测,加强了城市水资源管理;在美国内华达州,年蒸发量巨大,政府利用遥感监测 ET 来分析城市绿地的灌水量和绿地面积合理性,对城市景观进行管理,取得了良好的效果。

总体而言,遥感监测 ET 与其他对地观测技术以及计算机技术相结合,为新时期水资源管理工作提供了新的科技助推器,为流域机构等水行政主管部门有效开展水资源管理工作提供了长期而准确的数据资源和有效而及时的技术途径,ET 管理反映了现代科技进步对于水资源管理事业的巨大推动作用。

2.4　基于 ET 的黄河流域水资源综合管理技术体系

ET 管理的实施最终要落实到水量的分配上来,而海河流域因其特殊的自然、地理、社会和经济等因素,目前尚未有流域层次上的水量分配方案,使得 ET 管理在海河流域的实践受到了一些制约。黄河流域存在与海河流域相似的水资源短缺、水污染严重、水环境恶化等水问题,而黄河流域具有已实施多年的"八七"分水方案及其相应的管理与调度制度,这为在黄河流域实施 ET 管理提供了良好的现实条件。

2.4.1　水资源综合管理技术体系的架构

从自然—人工二元水循环的角度来看,对于某固定区域,其水资源的供用耗排的简要过程如图 2.4-1 所示。

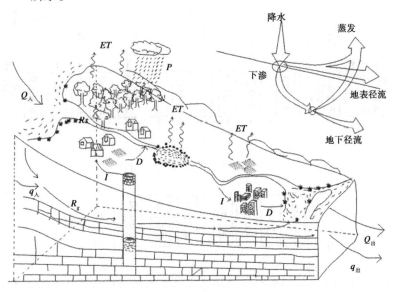

图 2.4-1　河流上下游两断面之间某固定区域内的水循环过程

从图 2.4-1 中可以看出,对于河流上下游两断面之间的某固定区域,其水量平衡方程可表示为:

$$P + (R_入 - R_出) + (G_入 - G_出) - ET = \Delta W + \Delta G + \Delta S \qquad (2.4\text{-}1)$$

式中:P 为降雨量;$R_入$ 和 $R_出$ 分别为地表流入和流出水量;$G_入$ 和 $G_出$ 分别为地下流入和流出水量;ET 为通过各种类型下垫面蒸腾蒸发的水量;ΔW 为地表水蓄存变化量;ΔG 为地下水蓄存变化量;ΔS 为土壤水蓄存变化量。

从水资源利用的角度考虑,系统有效的水资源应当涵盖河川径流和地下径流(统称为"蓝水")以及蒸发蒸腾量 ET(统称为"绿水")。结合式(2.4-1),对比"八七"分水方案可知,除降水不可调控外(人工降雨除外),就某一固定区域内的水资源耗用系统而言,完整的水资源管理方案应当由以下 3 部分组成:

$(R_入 - R_出) = \Delta R \Leftrightarrow$ 河川径流量分配范畴 $\Leftrightarrow$ "八七" 分水方案 $\Leftrightarrow$ 地表水资源管理

$(G_入 - G_出) = \Delta G \Leftrightarrow$ 地下水资源分配范畴 $\Leftrightarrow$ 待分配地下水权 $\Leftrightarrow$ 地下水资源管理

$ET \Leftrightarrow$ 区域蒸腾蒸发量分配范畴 $\Leftrightarrow ET$ 分配方案 $\Leftrightarrow ET$(净耗水量)管理

由此而组成的黄河流域水资源综合管理技术体系的组织框架和整体结构如图 2.4-2 所示。

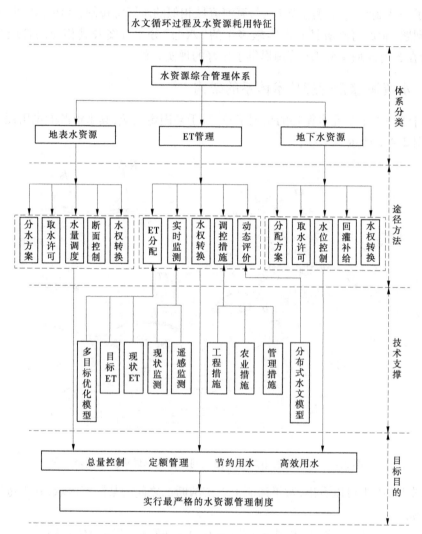

图 2.4-2　黄河流域水资源综合管理技术体系的组织框架和整体结构

2.4.2　ET 管理技术体系的运作

ET 管理实施的总体思路是,根据区域的水资源条件和社会经济发展状况并考虑历史欠账问题(如地下水超采、生态环境流量不足等)后,设定规划水平年,确定区域的目标 ET;建立 ET 分类指标体系,如区分其中的可控 ET 和不可控 ET、天然 ET 和人工 ET 等,并将目标 ET 值在下辖的各行政区域内进行二级分配。将目标 ET 与由分布式水文模型或遥感反演模型得到的现状 ET 进行比较,若超标,则根据二者的差值来确定各级区域范围内所需要削减的 ET 值。ET 值的调控主要是针对可控 ET 来进行,其中又以农业 ET 为主要对象,采取的措施有工程措施、农业措施和管理措施。调控的效果可在实时控制和年度控制两个方面来进行评价,实时控制方面,可采用较小时空尺度上的实地定点监测和较大时空尺度上的遥感反演监测来评价;年度控制方面,可采用分布式水文模型和遥感反演模型来评价。之后,将监测和评价得到的实际 ET 和目标 ET 进行比较以实施反馈管理。

ET 管理技术体系应用于实际的水资源管理调度工作,可以以下面两种方式在月和年这两个时间尺度上来进行。

2.4.2.1　单纯 ET 管理

以目标 ET 为标准,针对实际管理年,根据水文信息、气象信息、遥感信息、引退水信息、各类型下垫面信息等,采用分布式水文模型和遥感反演模型计算实际管理年的 ET 值,判断区域的水资源耗用情况。ET 管理技术体系的管理目标与评判方法如下:

$$ET_{实际} - ET_{目标} < 0 \qquad 未超指标,不控制$$

$$ET_{实际} - ET_{目标} = 0 \qquad 达到指标,不控制,但需采取预警措施$$

$$ET_{实际} - ET_{目标} > 0 \qquad 超过指标,严格控制并提出削减措施$$

2.4.2.2　河川径流(R)和 ET 耦合管理

单纯以河川径流(R)或 ET 为管理目标,均不是系统全面的水资源管理,以黄河为例,在具有河川径流(R)和 ET 管理目标情况下,需要研究两者之间如何进行耦合,提出耦合管理判断标准。地表水资源管理体系和 ET 管理体系的耦合管理的目标与评判方法如下:

$$F(R,ET)_{实际} - F(R,ET)_{目标} < 0 \qquad 未超指标,不控制$$

$$F(R,ET)_{实际} - F(R,ET)_{目标} = 0 \qquad 达到指标,不控制,但需采取预警措施$$

$$F(R,ET)_{实际} - F(R,ET)_{目标} > 0 \qquad 超过指标,严格控制并提出削减措施$$

其中,F 表示的是 R 和 ET 的耦合量,具体可用分布式水文模型结合遥感反演模型及实际的气象和下垫面观测资料进行显式表述。

2.4.3　实施 ET 管理所需解决的技术问题及其可能的途径

ET 管理体系监测调控的是区域耗水量,从其管理的目标、使用的技术和监测的对象来看,ET 管理体系的建立和完善所需解决的关键技术问题有:

(1)目标 ET 的恰当制定,目标 ET 的制定必须以区域的水资源现状为基础,以生态经济系统为依托,坚持可持续性、高效性、公平性的原则,应该采取定量计算与民主协商相结合的方法来进行,这是实施 ET 管理的首要问题。

(2)目标 ET 的分配,就黄河流域而言,目前就是如何将区域可耗水量分配到子区域或行政区域的问题,有关地表水资源可耗用量的分配工作目前已在黄河流域及沿黄各省(区)顺利开展,这是 ET 管理的关键步骤。

(3)构建一个适用于各种气候和下垫面条件的广谱性的遥感监测 ET 模型以提高监测 ET 数据的精度,具体地可通过将遥感监测 ET 数据与地面监测 ET 数据以及分布式水文模型数据相耦合的途径来进行,这是实施 ET 管理的基本手段。

（4）不同时空尺度上的 ET 监测数据的验证与耦合，即 ET 数据的尺度转换问题，是解决遥感 ET 模型的率定和验证的关键问题。

（5）可控 ET 与不可控 ET、自然 ET 与人工 ET 的区分，可通过遥感监测与统计调查相结合的方式来进行，这是实施 ET 管理的基础工作。

（6）ET 与可调控及可分配的地表水和地下水耗用量之间的耦合与解耦，即如何建立 ET 与可调控的用水指标间的关系问题，可以水平衡分析和情景分析为工具来进行，这是 ET 管理中的核心步骤。

（7）ET 管理的保障措施和组织体系，应该综合采取工程、管理、经济、法制等多种措施来保证 ET 管理目标的实现，这是实施 ET 管理的组织保障。

2.5　本章小结

ET 管理是当今水资源管理研究的前沿和热点问题。基于 ET 的水资源管理是针对一定范围（流域或区域）内的综合 ET 值与当地的可利用水资源量的对比关系，进行水资源的分配或对 ET 进行控制的管理办法；通过提高水资源的利用效率，减小社会水循环分支系统中不可回收的水量，使同等水分消耗条件下的生产效率得以大幅度提高，从而达到资源性节水的目的；在满足地下水不超采、农民不减收、环境不破坏的条件下进一步合理分配各部门和各行业可利用的水量，通过调整产业结构和应用各种节水新技术、新方法，解决各部门和各行业（包括环境和生态用水）之间的用水竞争问题，达到整个区域的水量平衡。

蒸腾蒸发（ET）是流域水资源耗用系统的真实耗水量。分布式水文模型和遥感技术的进步使得在较小的时间尺度和较大的空间尺度上对区域 ET 的计算成为现实。本章结合 ET 管理的水资源管理新理念，从区域水量平衡基本方程出发，构建了一个融合 ET 管理理念的黄河流域水资源综合管理技术体系，包括地表水资源管理体系、ET 管理体系、地下水管理体系，并对 ET 管理体系的运作流程和实施 ET 所需解决的若干问题及其可能的解决途径进行了探讨。

融合 ET 管理理念的水资源综合管理技术体系的构建从水循环的角度为黄河流域的水资源管理提供了科学支持，使水资源管理从单纯的河川径流管理进入水循环全过程管理，使水资源管理范畴扩大到广义水资源管理的范畴，可实现对水资源双重管理，对完善黄河流域的水资源管理体系具有极大推动作用。

由于地下水赋存和运动条件的极端复杂性，黄河流域地下水资源管理体系的构建尚需时日，本着由易到难的原则，从现实需求和技术能力的角度出发，建议今后一段时期的工作以构建 ET 管理技术体系并实现与地表水资源管理体系的耦合为主要目标。

第 3 章　区域 ET 管理的系统环节及其方法

由于自然地理、气象水文、社会经济等诸多影响因素的复杂性、多维性和动态性,在一个特定的区域内实施 ET 管理是一项异常繁复的系统工程。区域 ET 管理的系统环节主要包括目标 ET 的确定、现状 ET 的计算、现状 ET 的调控等 3 个步骤。

3.1　ET 的基本属性

蒸发蒸腾(ET)是水循环中的重要环节,它不仅通过改变土壤的前期含水量直接影响产流,也是生态用水和农业节水等应用研究的重要着眼点,因此分析 ET 的基本属性,对于黄河流域水资源可持续利用的决策与分析具有特别重要的意义。作为水分的消耗项,ET 具有有效性、有限性和可控性三大属性。

3.1.1　ET 的有效性

ET 的有效性是指 ET 可以维持生命、参与生产和维持生态,具有社会效益、经济效益和生态效益等多种价值和功能。人类和牲畜耗水,对于生命的维持具有不可替代的重要作用。农田耗水直接参与生物量的产出过程,直接决定着粮食产量。工业和商饮服务业的耗水,为人类带来巨大的经济效益。林草地等天然植被的耗水在为人类提供木材和牧草等生产资料的同时,还具有调节气候、保持水土等多种作用。河流、湖泊、沼泽等湿地的水分消耗,不仅具有调节径流、美化环境等重要的生态作用,而且具有维持生态系统平衡、保护生物多样性等潜在功能。居工地的截留蒸发具有净化空气与地面、调节温度、美化环境等作用,其蒸发虽然不直接参与碳水化合物的生产,但与人类的生活、生产息息相关,对人类赖以生存的环境具有重要的支持意义。

3.1.2　ET 的有限性

ET 的有限性是指可供消耗的水分是有限的,水分的利用与消耗量不能大于它的恢复能力,也就是说区域 ET 消耗不能破坏水资源可循环转化的可再生能力,必须维持地表径流的稳定性、地下水的采补平衡和水循环尺度的稳定性。而人口和生产都在不断地增长,为了避免 ET 消耗过度而破坏水资源的可再生能力,必须在遵循公平、合理和可持续的原则下,确定区域合理的 ET。

区域的水资源可消耗量可以根据水量平衡方程得出:

$$ET = P + I - O - \Delta W \tag{3.1-1}$$

式中:ET 为区域可消耗水量;P 为区域内降雨量;I 为所有入境水量;O 为包括入海水量在内的所有出境水量;ΔW 为区域内的水资源蓄变量,在多年平均情况下,区域水资源蓄变量趋于 0。

3.1.3　ET 的可控性

ET 的可控性是指可以通过人工干预措施来影响 ET 的产生及其大小。比如,一般情况下水面蒸发最大,林地蒸发大于草地蒸发,可以通过退耕还林、退林还草等调整土地利用类型的措施来在一定程度上控制 ET 的大小。在灌溉农田上,可以通过人工调控水分和改变种植结构等方式来控制灌溉农田的 ET。对于工业和服务业,可以通过改进工艺和减少输水损失等措施来减小 ET。

3.2　区域目标 ET 的理论与计算方法

3.2.1　区域目标 ET 的定义和内涵

区域目标 ET 是指在一个特定发展阶段的流域或区域内,以其水资源条件为基础,以生态环境良性循环为约束,满足经济可持续发展与和谐社会建设要求的可消耗水量,它包含以下三方面的内涵:

(1)以流域或区域水资源条件为基础。所谓的水资源基础条件包括降水量、入境水量、调水量、特定时期的地下水超采量,以及必要的出境水量。

(2)维持生态环境良性循环。必须保证一定的河川径流量与入海水量以便维持河道内生态与河口生态,合理开采区域内地下水,多年平均情况下,逐步实现地下水的采补平衡。

(3)满足社会经济的可持续发展与和谐社会建设的用水要求。不能为改善生态环境而放弃人类最基本的生存需求,必须采取可行的经济技术手段和管理措施,通过提高水资源耗用量的单位产出,实现区域经济社会的可持续发展与和谐社会建设。

综上所述,区域目标 ET 可以理解为在满足粮食不减产、农民不减收、经济不倒退、生态环境不恶化、兼顾上下游与左右岸用水公平的要求下,流域或区域的可消耗水量。

目标 ET 的组成包括:①通常意义下的 ET,即植被的蒸腾、土壤或水面的蒸发;②工农业生产时固化在产品中,且被运出本区域的耗水(消耗在本区域的产品水最终变成了ET)。从耗水平衡的角度来看,区域目标 ET 可以表达如下:

$$ET = ET_R + W_C = P + W_{in} + W_D - W_{out} - W_{sea} - \Delta W \qquad (3.2\text{-}1)$$

式中:ET 为区域目标 ET;ET_R 为通常意义下的蒸腾蒸发,包括植被 ET、土壤 ET、水面 ET、生产和生活 ET;W_C 为运出本区域的工农业产品中含带的水量;P 为水平年的降水总量;W_{in} 为年入境水量;W_D 为外流域调入水量;W_{out} 为年出境水量;W_{sea} 为年入海水量;ΔW 为当地水资源(包括地表水库、河道槽蓄和地下水)蓄变量,当地水资源量增加为正值,当地水资源量减少为负值。其示意图如图 3.2-1 所示。

基于目标 ET 的区域水资源管理是针对一定范围(流域或区域)内的综合 ET 值与当地的可利用水资源量的对比关系,进行水资源的分配或对 ET 进行控制的管理办法。通过提高水资源的利用效率,减少社会水分循环系统中的不可回收水量,使同等水分消耗条件下的生产效率得以大幅度提高,从而达到资源节水的目的;在满足地下水不超采、农民

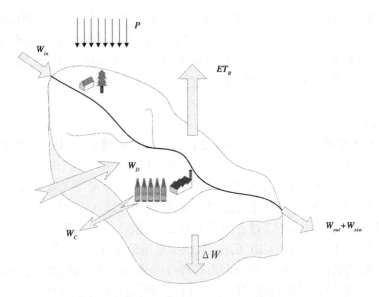

图 3.2-1　区域目标 ET 的示意图

不减收、环境不破坏的条件下进一步合理分配各部门和各行业的可用水量,通过调整产业结构和应用各种节水新技术和新方法,解决各部门和各行业(包括环境和生态用水)之间的竞争性用水问题,达到整个区域的水量平衡。

由于运出区域的工农业产品中含带的水量相对较小,且调整空间不大,在本节以下的区域目标 ET 讨论中忽略此项;ET 管理的关键是减小蒸腾蒸发,从而降低区域耗水量。

3.2.2　区域目标 ET 的制定原则

工业、农业要发展,动物、植物要生存,人类要维持日常生活,这都需要水。生活用水涉及千家万户,工业用水则是国民经济发展的基石,它们对供水水质和保证率的要求比较高;农业用水以灌溉为主,对水质和保证率的要求相对较弱。区域目标 ET 的制定和高效管理必须以当地的水资源现状为基础,以生态经济系统为依托,坚持可持续性、高效性、公平性的原则。

3.2.2.1　水资源利用现状原则

区域的水资源利用现状是确定区域目标 ET 的基础。水资源利用现状的集中反映是现状 ET 分布。通过细致的分析,我们可以发现:在通常情况下,区域内的相同作物在产量水平相近的条件下,ET 值仍有较大差别。这种差别是由当地的自然环境条件、灌溉工程措施、农业发展水平等因素共同作用的结果,代表了水资源的现状利用效率和利用水平,区域目标 ET 的制定要以此为基础,逐步调整,不可能一蹴而就,不能制定不切实际的目标。

3.2.2.2　可持续性原则

可持续性原则包括两个方面:一是要实现区域水资源的可持续利用,二是要保障社会经济可持续发展。区域目标 ET 必须适应当地的水资源条件,保持区域的水土平衡、水盐平衡、水沙平衡、水化学平衡和水生态平衡,在没有区外补水或区外补水较少的条件下,净耗水量要尽可能小于或等于多年平均降雨量。在当地水资源利用水平达到承载能力上限而仍然不能保障社会经济可持续发展时,需要考虑实施跨区域调水措施,避免过度地引用本地地表水、超采本地地下水。坚持以人为本,树立全面、协调和可持续的发展观,正确处理经济发展同人口、资源、环境的关系,切实进行经济增长方式的转变,实现人与自然的和谐。

3.2.2.3　高效性原则

进行水资源管理或者水资源配置的重要目的之一是实现水资源的高效利用。因此,在制定区域目标 ET 时,可持续发展对水资源在五个层次上的需求,即饮水安全需求、防洪安全需求、粮食生产用水需求、经济发展用水需求和生态环境用水需求要统筹兼顾,通过各种措施提高参与生活、生产和生态过程的水量及其有效利用程度,增加对降水的直接利用,减少水资源转化过程和用水过程中的无效蒸发,推广一水多用和综合利用,增加单位供水量对农作物、工业产值和 GDP 的产出,减少水污染,增加有效蒸发。同时遵循市场规律和经济法则,按边际成本最小的原则来安排各类水源的开发利用模式和各类节水措施,力求使各项节流措施、开源措施、开源和节流之间的边际成本大体接近。

具体对黄河流域而言,因为自然、地理、气候、社会等诸多影响因素的显著不同,上中下游不同地区的灌溉耕地 ET 和城乡居工地 ET 可因地制宜地采用不同的节水标准,陆生植被 ET 和水生植被 ET 考虑上游与下游的需求差异,进而在流域尺度范围上统一调配不同区域的目标 ET,这样可以鼓励地方积极发展节水产业和进行节水改造,使黄河流域内宝贵的水资源得到最有效的利用。

3.2.2.4　公平性原则

公平性是水资源社会属性的首要特征,公平公正原则的具体实施表现在地区、近期和远期、用水目标、用水人群之间的目标 ET 的公平分配。水是具有生命性的特殊资源,水资源的利用关系到整个人类的生存与发展。公平地保障每个区域的用水权益,是十分重要的基本原则。

公平不是平均主义,而应尊重历史与现状。在各地区之间,要统筹全局,合理分配过境水量;近远期之间,近期原则上要不断减少乃至停止对深层承压水的开采,以其作为未来的应急水源地;在 ET 目标上,要优先保证最为必要的生态用水项,在此基础上兼顾经济用水和一般生态用水;在用水人群中,要注意提高农村饮水保障程度和保护城市低收入人群的用水需求。

3.2.3　区域目标 ET 的分项指标体系

研究区域目标 ET 的构成体系,合理确定各分项目标 ET,是基于 ET 管理的水资源综合管理的基础。

蒸发蒸腾包括天然系统蒸发及人工系统蒸发两部分。天然系统蒸发指降水直接产生的蒸发量,属于广义水资源的范畴;而人工系统蒸发指"供水—取水—用水—耗水—回归"过程中发生的蒸发,则属于狭义水资源的范畴,是与人类活动的用水过程和用水条件紧密相连的。

依据不同的分类标准,又可以将 ET 分为不同分项:基于下垫面条件,可以分为耕地

ET、林地 ET、草地 ET、水域 ET、城乡居工地及未利用土地 ET;基于蒸发机理,可以分为冠层截留蒸发 ET、植被蒸腾蒸发 ET、植被棵间蒸发 ET、地表截留蒸发 ET、土壤水蒸发 ET、水面蒸发 ET 等;基于用水过程,可以分为输水 ET、用水 ET 和排水 ET;根据水资源耗用的效用大小与高低,可以分为无效 ET 和有效 ET、高效 ET 和低效 ET;根据服务对象,可以分为生态 ET 和经济 ET。ET 的具体分类体系如图 3.2-2 所示。

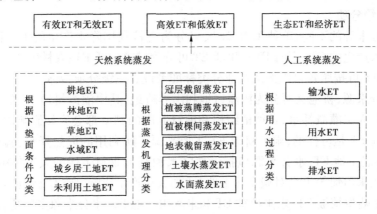

图 3.2-2　ET 的分类体系

3.2.3.1　一级分项

根据下垫面条件,可将区域目标 ET 分为灌溉耕地 ET_I、居工地 ET_J、非灌溉耕地 ET_{UI}、林地 ET_F、草地 ET_C、水域 ET_W 和未利用土地 ET_U。其中非灌溉耕地 ET_{UI}、林地 ET_F、草地 ET_C、水域 ET_W 和未利用土地 ET_U 上的人类活动直接干扰很小,可以归为天然 ET_N。各分项 ET 如表 3.2-1 所示。

表 3.2-1　区域目标 ET 的一级分项

一级分项		土地利用类型
灌溉耕地 ET_I		水田、旱地
居工地 ET_J		城镇用地、农村居民点、其他建设用地
天然 ET_N	非灌溉耕地 ET_{UI}	无灌溉水源及设施,靠天然降水生长作物的耕地
	林地 ET_F	生长乔木、灌木、竹类,以及沿海红树林地等林业用地
	草地 ET_C	以生长草本植物为主,覆盖度在 5% 以上的各类草地,包括以牧为主的灌丛草地和郁闭度在 10% 以下的疏林草地
	水域 ET_W	河渠、湖泊、水库坑塘、永久性冰川雪地、滩涂、滩地
	未利用土地 ET_U	沙地、戈壁、盐碱地、沼泽地、裸土地、裸岩石砾地

根据土地利用类型可以判断,灌溉耕地 ET_I、非灌溉耕地 ET_{UI}、林地 ET_F 和草地 ET_C 一般包括冠层截留蒸发、植被蒸腾、棵间土壤蒸发和棵间地表截流蒸发;居工地 ET_J 一般包括不透水面的地表截流蒸发、生产生活耗水和少量的城镇生态耗水;水域 ET_W 表现为水面

蒸发;未利用土地 ET_U 一般表现为地表截流蒸发和土壤蒸发。

3.2.3.2　二级分项

根据种植结构,可以把灌溉耕地 ET 分为小麦 ET、棉花 ET、玉米 ET、水稻 ET、大豆 ET、谷子 ET 等单类作物 ET。根据用户的不同类型,居工地 ET 可以分为生活 ET、工业 ET、第三产业 ET 和城镇生态 ET。

3.2.3.3　三级分项

根据水分来源的不同,单种作物 ET 又可分为直接利用降水产生的 ET(降水 ET)和人工灌溉补水产生的 ET(灌溉 ET);生活 ET 可分为城镇生活 ET、农村生活 ET。工业 ET 和第三产业 ET 可按照各自内部的行业分类标准来设立三级分项指标。

根据水分来源,耕地又可分为灌溉耕地和雨养耕地,其中灌溉耕地 ET 的水分来源包括天然降水和人工灌溉补水,且种植结构和灌溉制度的调整都会直接影响灌溉耕地 ET,所以灌溉耕地 ET 是可控的;雨养耕地 ET 主要来源于所利用的天然降水,属于不可控的 ET;对于城乡居工地 ET,水分来源包括天然降水和对工业与生活的人工集中供水,工业产业结构和用水习惯等也会对城乡居工地 ET 的大小产生影响,所以城乡居工地 ET 是可控的 ET;对于陆生植被 ET、水生植被 ET 和未利用土地 ET,水分来源主要是天然降水,没有人工供水,人类活动对它们的直接干扰很小,它们是不可控的 ET。城镇生态 ET 也可根据水分来源分为降水 ET 和人类向城镇生态供水形成的城镇生态补水 ET,其中降水 ET 包括不透水面上的地表截流蒸发和城镇林草绿化带利用降水形成的 ET。对于不可控的 ET,只能通过调整土地利用类型在一定程度上加以控制。简而言之,灌溉耕地 ET 和城乡居工地 ET 是目标 ET 的调控重点,在生产实践中可以落实到灌溉定额管理、工业用水定额管理、第三产业定额管理和生活用水定额管理上来。区域目标 ET 分项指标的综合体系具体如表 3.2-2 所示。

在我国水资源管理实践中,目前主要实施的是"总量控制,定额管理"。借鉴这一管理思路,为了方便计算和实际实施,并且为了把区域目标 ET 指标体系有效地与水资源管理实践结合起来,将目标 ET 按照不同的土地利用类型分为耕地 ET、城乡居工地 ET、陆生植被 ET、水生植被 ET 和未利用土地 ET 五项。其中,耕地 ET 包括水田 ET、旱地 ET;城乡居工地 ET 包括工业 ET、第三产业 ET、城市生活 ET、农村生活 ET;陆生植被 ET 包括林地和草地 ET;水生植被 ET 包括湖泊 ET、沼泽 ET、湿地 ET、自然水生植被 ET、滩地 ET;未利用土地 ET 包括沙地 ET、盐碱地 ET、沼泽地 ET、裸土地 ET、裸岩石砾地 ET。各分项 ET 的可控性属性划分具体如表 3.2-3 所示。

进行分项 ET 分析的目的是区分有效与无效 ET、高效与低效 ET 以及生态 ET 与经济 ET 等,以达到更好地降低无效 ET 或低效 ET 的管理目的。

本节所构建和划分的 ET 分项指标体系层次清晰,容易进行协调和聚合。为便于比较,可以将 ET 量除以相对应的土地面积便得到单位面积上的耗水深。

表 3.2-2 区域目标 ET 分项指标的综合体系

综合 ET	分项 ET		
	一级分项	二级分项	三级分项
综合 ET	1.灌溉耕地 ET	1.1 作物 1 ET	1.1.1 降水 ET
			1.1.2 灌溉 ET
		1.2 作物 2 ET	1.2.1 降水 ET
			1.2.2 灌溉 ET
		1.3 作物 3 ET	1.3.1 降水 ET
			1.3.2 灌溉 ET
		⋮	⋮
	2.居工地 ET	2.1 生活 ET	2.1.1 城镇生活 ET
			2.1.2 农村生活 ET
		2.2 工业 ET	2.2.1 工业 1 ET
			2.2.2 工业 2 ET
			2.2.3 工业 3 ET
			⋮
		2.3 第三产业 ET	2.3.1 第三产业 1 ET
			2.3.2 第三产业 2 ET
			2.3.3 第三产业 3 ET
			⋮
		2.4 城镇生态 ET	2.4.1 降水 ET
			2.4.2 城镇生态补水 ET
	3.天然 ET	3.1 非灌溉耕地 ET	
		3.2 林地 ET	
		3.3 草地 ET	
		3.2 水域 ET	
		3.3 未利用土地 ET	

注:生活 ET 为综合生活 ET,城镇生活用水包括居民用水和公共建筑与服务用水,农村生活用水包括农村居民用水和牲畜用水。

表 3.2-3　分项 ET 的可控性

分项 ET	可控性	包括
1. 耕地 ET		水田、旱地
灌溉耕地 ET	可控	
雨养耕地 ET	不可控	
2. 居工地 ET	可控	工业、第三产业、城市生活、农村生活
3. 陆生植被 ET	不可控	林地、草地
4. 水生植被 ET	不可控	湖泊、沼泽、湿地、自然水生植被、滩地
5. 未利用土地 ET	不可控	沙地、盐碱地、沼泽地、裸土地、裸岩石砾地

综合 ET 可由一级分项 ET 及其对应的土地利用类型的面积通过加权平均求和而得到,灌溉耕地 ET 可由单种作物 ET 和种植结构通过加权平均求和而得到,而单种作物 ET 等于降水产生的 ET 与灌溉产生的 ET 之和。居工地 ET 等于生活 ET、工业 ET、第三产业 ET 和城镇生态 ET 之和,而城镇生态 ET 又可分解为降水 ET 与生态补水 ET。

综合 ET:

$$ET_Z = ET_N + ET_I + ET_J \tag{3.2-2}$$

式中:ET_Z 为区域综合目标 ET;ET_N 为天然 ET;ET_I 为灌溉耕地 ET;ET_J 为居工地 ET。

一级 ET:

$$ET_N = ET_{UI} + ET_F + ET_C + ET_W + ET_U \tag{3.2-3}$$

$$ET_I = \sum_i ET_i \tag{3.2-4}$$

$$ET_J = ET_L + ET_G + ET_S + ET_E \tag{3.2-5}$$

式中:ET_{UI} 为非灌溉耕地 ET;ET_F 为林地 ET;ET_C 为草地 ET;ET_W 为水域 ET;ET_U 为未利用土地 ET;ET_i 为第 i 种作物 ET;ET_L 为生活 ET;ET_G 为工业 ET;ET_S 为第三产业 ET;ET_E 为城镇生态 ET。

二级 ET:

$$ET_i = ET_{iP} + ET_{iI} \tag{3.2-6}$$

$$ET_L = ET_{LU} + ET_{LR} \tag{3.2-7}$$

$$ET_G = \sum_j ET_{Gj} \tag{3.2-8}$$

$$ET_S = \sum_p ET_{Sp} \tag{3.2-9}$$

$$ET_E = ET_{EP} + ET_{EI} \tag{3.2-10}$$

式中:ET_{iP} 为第 i 种作物直接利用降水形成的降水 ET;ET_{iI} 为第 i 种作物的灌溉 ET;ET_{LU} 为城镇生活 ET;ET_{LR} 为农村生活 ET;ET_{Gj} 为工业第 j 种行业的 ET;ET_{Sp} 为第三产业中的第 p 种行业的 ET;ET_{EP} 为城镇降水 ET;ET_{EI} 为城镇生态补水 ET。

这样,非灌溉植被 ET、水域 ET、未利用土地 ET 的耗水深就可以反映当地的天然生态情况,居工地 ET 的耗水深可反映当地的城市节水水平。比较二级分项生活 ET、工业 ET、第三产业 ET 和城镇生态 ET 可以表征该地区各用水户耗水的比例。灌溉耕地 ET 的耗水深可以间接表征当地的种植结构和农业总体节水水平,二级分项单种作物 ET 的耗水深可以表征该地区每种作物的耗水水平,三级分项 ET 可以看出作物 ET 耗用天然降水和灌溉水的比例。总之,通过控制各个分项 ET,可以由下而上地实现区域综合目标 ET 的控制指标,有利于实现区域目标 ET 管理。

3.2.4　区域目标 ET 的计算方法

区域目标 ET 的计算需要综合应用分布式水文模型、遥感反演模型、耗水系数法、径流系数法、水资源配置模型等多种模型和方法,具体如图 3.2-3 所示。整个计算过程包括“自上而下、自下而上、评估调整”等 3 个环节。自上而下,即通过流域层级的水资源配置获得合理的区域水资源配置方案集(包括降水量、入境水量、调水量、地下水超采量、出境水量、入海水量等);自下而上,即以配置方案集为基础,通过区域各分项 ET 的计算得到不同水资源条件下的单元目标 ET;评估调整是根据目标 ET 的制定原则,对不同方案的目标 ET 进行定性或定量评估,给出区域目标 ET 的推荐方案。

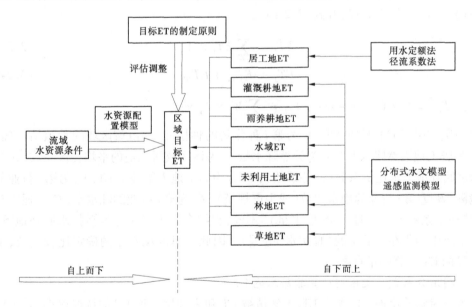

图 3.2-3　区域目标 ET 的计算方法

3.2.4.1　自上而下制定计算方案集

目标 ET 的计算需要考虑当地的降水量、入境水量、出境水量、入海水量以及当地水资源的蓄变量,公式(3.2-1)中 P 根据计算水平年的降水总量确定;W_{in}、W_D、W_{out}、W_{sea}、ΔW 的确定要充分考虑不同水平年的水资源条件、水利及农业技术发展状况、经济社会发展水平等影响因素,具体地可通过区域水资源配置模型来计算生成方案集。

3.2.4.2　自下而上计算区域目标 ET

自下而上地计算区域目标 ET,首先需要利用行政分区图和土地利用图叠加来划分一级计算单元,使得每个计算单元内只有一个行政单元,只有一种土地利用类型。对于灌溉耕地,根据种植的作物进行二级单元划分,每个二级单元内只有一种作物(实行套种的算一种作物)。

按照区域目标 ET 的分类指标体系,区域目标 ET 可以区分为不可控 ET 和可控 ET。不可控部分的分项 ET,包括雨养耕地 ET、水域 ET、未利用土地 ET、林地 ET、草地 ET;可控部分的灌溉耕地 ET 可利用分布式水文模型或遥感反演模型来计算。居工地 ET 包括两部分,一部分为天然降水 ET,另一部分为人工补水 ET。

居工地的天然降水 ET 可以通过降水总量乘以 $1 - r - \sigma$ 得到,其中 r 为该区域居工地的平均径流系数,σ 为天然降水回补地下水的比例系数(回补系数)。

居工地的人工补水 ET,先利用分行业定额法计算居工地的用水总量,再通过耗水率法计算得到居工地的人工补水 ET。

区域目标 ET 的初值就等于上述各个分项 ET 之和,计算公式见式(3.2-11)。

$$ET = ET_P + ET_W + ET_U + ET_F + ET_C + ET_I + ET_J \tag{3.2-11}$$

式中:ET_P、ET_W、ET_U、ET_F、ET_C 分别为雨养耕地、水域、未利用土地、林地、草地 ET,可利用分布式水文模型计算,用遥感监测模型校核;ET_I 为灌溉耕地 ET、ET_J 为城乡居工地 ET,计算公式见式(3.2-12)和式(3.2-13)。

$$ET_I = \sum_{i=1}^{n} ET_i \times A_i \tag{3.2-12}$$

$$ET_J = ET_{JN} + ET_{JH} \tag{3.2-13}$$

其中,$ET_{JN} = P \times (1 - r - \sigma)$,$ET_{JH} = \sum_{i=1}^{m} W_i \times B_i \times C_i$。

式中:ET_i 为第 i 种作物的 ET;A_i 为第 i 种作物的种植面积,由该区域的种植结构确定;ET_{JN} 为居工地天然降水 ET,P 为天然降水量,r 为该区域居工地的平均径流系数,σ 为天然降水回补地下水比例系数(回补系数);ET_{JH} 为居工地人工补水 ET,W_i 为第 i 行业的用水定额,B_i 为第 i 行业的用水户数(或生产规模),C_i 为第 i 行业的耗水率,C_i 与通常意义下的"耗水系数 $=(1 -$ 排水量/取水量)"不同,它综合考虑了工业生活排水回补地下水、工业生产中固化在产品中的"真实水"等因素,因此这里的耗水率的确定比较复杂,也是区域目标 ET 计算的难点之一。

1. 利用分布式水文模型计算非居工地 ET

人类对雨养耕地 ET、水生 ET、天然植被 ET 和未利用土地 ET 的调控很小,对于以耕地为主的区域来说,这些分项 ET 的总和在总 ET 中所占的比重不大,所以计算这些土地利用类型的目标 ET 时,可以利用分布式水文模型和现状下垫面条件,以相同水平年的历史典型降水作为输入,进行区域的水循环过程模拟,统计得到各种不同土地利用类型的ET。

分布式水文模型的参数在空间上考虑了不同的土地利用类型和下垫面条件,根据各种作物在不同灌溉方式下的灌溉定额以及各计算单元内同一种土地利用类型所占的比重,模型可以计算出各单元内该土地利用类型的分项 ET,以各单元分项 ET 为基础可统计得到区域的非居工地分项 ET。通过分布式水文模型计算得到的 ET 可以利用相同水平年的历史遥感 ET 进行校验,并适当调整,以减小 ET 的计算误差。具体计算时分布式水文模型可以选择 SWAT 模型、WEP 模型或 EasyDHM 模型等,遥感监测模型可以选择 ET-WATCH 模型或 SEBAL 模型等。

2. 居工地 ET 计算

1) 生活 ET

生活 ET 采用定额法和耗水系数法,即通过制定合理的人均日用水量,结合耗水系数和人口总数来计算生活 ET。生活需水分城镇居民和农村居民两类。计算公式如下:

$$ET_{Lk,m} = k_{k,m} \times Po_{k,m} \times w_{k,m} \times 365/1\,000 \tag{3.2-14}$$

式中:k 为计算单元编号;m 为用户分类序号,如可令 $m=1$ 为城镇,$m=2$ 为农村;$ET_{Lk,m}$ 为第 k 个计算单元的第 m 类用户的生活 ET,万 m^3;$Po_{k,m}$ 为第 k 个计算单元的第 m 类用户的用水人口,万人;$w_{k,m}$ 为第 k 个计算单元的第 m 类用户生活用水定额,L/(人·日);$k_{k,m}$ 为第 k 个计算单元的第 m 类用户生活耗水定额,城镇生活耗水率一般为 30%,农村生活耗水率一般为 90%。

2) 工业 ET

工业 ET 采用定额法和耗水系数法。计算公式如下:

$$ET_{Gk} = \sum_j SeV_{k,j} \times w_{k,j} \times k_{k,j}/10\,000 \tag{3.2-15}$$

式中:ET_{Gk} 为第 k 个计算单元的工业 ET,万 m^3;j 为工业行业数;$SeV_{k,j}$ 为第 k 个计算单元的第 j 个工业行业的增加值,万元;$w_{k,j}$ 为第 k 个计算单元的第 j 个工业行业的用水定额,m^3/万元;$k_{k,j}$ 为第 k 个计算单元第 j 个工业行业的耗水率。

3) 第三产业 ET

第三产业(以下简称三产)ET 的计算方法同工业 ET 的计算方法。计算公式如下:

$$ET_{Sk} = \sum_p SeV_{k,p} \times w_{k,p} \times k_{k,p}/10\,000 \tag{3.2-16}$$

式中:ET_{Sk} 为第 k 个计算单元的三产 ET,万 m^3;p 为三产行业数;$SeV_{k,p}$ 为第 k 个计算单元第 p 个三产行业的增加值,万元;$w_{k,p}$ 为第 k 个计算单元第 p 个三产行业的用水定额,m^3/万元;$k_{k,p}$ 为第 k 个计算单元第 p 个三产行业的耗水率。

4) 城镇生态 ET

城镇生态的耗水包括降水直接补给和人工补给两部分,本节采用径流系数法和补水定额法计算城镇生态 ET。计算公式如下:

$$ET_{Ek} = P_{Jk} \times (1 - r_{Jk}) + h_{Ek}A_{Ek}/10 \tag{3.2-17}$$

式中:ET_{Ek} 为第 k 个计算单元的城镇生态 ET,万 m^3;P_{Jk} 为第 k 个计算单元居工地上的降水量,万 m^3;r_{Jk} 为第 k 个计算单元居工地上的平均径流系数;A_{Ek} 为第 k 个计算单元居工地上的需要人工补水的城镇绿地面积,km^2;h_{Ek} 为第 k 个计算单元居工地上城镇绿地的补水定额,mm。

3.2.4.3　综合 ET 的计算

计算单元上的 ET 的聚合采用式(3.2-18):

$$ET_{Zk} = ET_{Nk} + ET_{Ik} + ET_{Jk} \tag{3.2-18}$$

$$ET_{Jk} = ET_{Lk} + ET_{Gk} + ET_{Sk} + ET_{Ek} \tag{3.2-19}$$

式中:ET_{Zk} 为第 k 个计算单元的综合 ET;ET_{Nk} 为第 k 个计算单元的天然 ET;ET_{lk} 为第 k 个计算单元的灌溉耕地 ET;ET_{Jk} 为第 k 个计算单元的居工地 ET。

用所有计算单元的 ET 进行聚合,可求得整个区域的综合 ET_Z:

$$ET_Z = \sum_k ET_{Zk} = \sum_k (ET_{Nk} + ET_{lk} + ET_{Jk}) \tag{3.2-20}$$

3.2.5　区域目标 ET 的评估和调整

3.2.5.1　目标 ET 的评估方法

通过分项综合方法计算得到的区域目标 ET 结果需要进行评估和调整,才能推荐给水资源管理部门实施。对公式(3.2-1)进行简单变形可得:

$$ET = P + W_{in} + W_D - W_{out} - W_{sea} + \Delta W = P + W_D + \Delta W - W_T \tag{3.2-21}$$
$$W_T = W_{out} + W_{sea} - W_{in}$$

式中:W_T 为区域调配水量(不含跨流域调水量),调出为正值,调入为负值。

由式(3.2-21)可得调配水量的两个计算式:

$$W_T = P - ET + W_D + \Delta W \tag{3.2-22}$$

$$\sum W_T = \sum W_{out} + \sum W_{sea} - \sum W_{in} \tag{3.2-23}$$

在一个封闭流域中,W_{out} 与 W_{in} 一一对应。因此,$\sum W_{out} = \sum W_{in}$,于是有:

$$\sum W_T = \sum W_{sea} \tag{3.2-24}$$

区域目标 ET 的评估主要围绕式(3.2-22)展开,式中的 P 根据计算水平年的降水总量确定;ET 由分项综合法计算;W_D 根据方案设置的跨流域调水规划在各个计算单元进行分配;ΔW 主要考虑地下水超采量,根据各个区域的现状超采量进行压缩。由于 P、ET、W_D 均为已知值,因此地下水超采的压采方案(ΔW 的总量及分配)直接决定着区域的 W_T,亦即 ΔW 与 W_T 是一一对应的。ΔW 与 W_T 能否同时满足目标 ET 的制定原则,是判断该区域目标 ET 合理与否的标准。再根据地下水约束条件,生成地下水压采方案集的集合,进而得到对应的调配水量方案集合,对诸方案集进行评估,根据评估结果对目标 ET 的合理性进行判断。

区域目标 ET 管理的一个重要目标就是要实现经济可持续发展与和谐社会的建设。这说明区域目标 ET 的设定不仅要维持生态环境良性循环,而且要满足人类最基本的生存需求。因此,粮食不减产、农民不减收是区域目标 ET 设定以及实施 ET 管理的基本要求和刚性约束。

农业产量(产值)检验主要是评估规划水平年的目标 ET 的设定是否合理,是否过分强调了区域水资源的有限性和生态环境的重要性而损害了生活在该区域内的人民群众的基本生存权益。不同的目标 ET 条件下,农业耗水量不同;根据当前农业技术水平、管理模式,加上作物种植结构调整,粮食产量(产值)可由分布式水文模型计算得出。

农业产量(产值)约束是在规划水平年的水量分配方案下,作物产量是否受到影响,产值可由产量乘以作物价格得到:

$$P_{Mi} \geq \overline{P_{stat\_i}} \tag{3.2-25}$$

$$P_M = \sum_{i=1}^{n} P_{Mi} \geq \overline{P}_{stat} \tag{3.2-26}$$

式中：P_{Mi} 为作物 i 的模拟产量，kg；$\overline{P}_{stat\_i}$ 是作物 i 的多年平均统计产量，kg；P_M 为由模型模拟得到的区域总产量，kg；$\overline{P}_{stat}$ 为由统计资料得到的区域多年平均统计产量，kg。

地下水约束条件：干旱年份时，区域的实测地下水位下降幅度 Δh_c 小于地下水位理论下降幅度 Δh_a。

$$\Delta h_c \leq \Delta h_a \tag{3.2-27}$$

$$\Delta h_a = (P_m - P_{dry})/\mu \tag{3.2-28}$$

式中：P_m 为平水年降水量；P_{dry} 为干旱年降水量；μ 为区域地下含水层给水度。

3.2.5.2　区域目标 ET 评估的指标体系

具体评估区域目标 ET 时，可采用如下指标体系。

1. 可持续性的判断原则

（1）总量上，区域目标 ET 不能超过当地水资源可消耗量：

$$ET \leq P + W_{in} + W_D - W_{out} - W_{sea} - \Delta W \tag{3.2-29}$$

（2）分项上，区域目标 ET 的制定要维持地表径流的稳定性、地下水的采补平衡和水循环尺度的稳定性，不能过度开发地表水和超采地下水，以免引起河道断流、入海水量减少、河口生态恶化、地面沉降等生态环境问题。

在超采严重的地区，要求逐步压采地下水：

$$W_{GT} < W_{GN} \tag{3.2-30}$$

区域目标 ET 下的地下水开采量 W_{GT} 小于现状的地下水开采量 W_{GN}，约束条件同式（3.2-27）、式（3.2-28）。

（3）对于下游部分沿海地区，过度引用地表水导致入海水量锐减。区域目标 ET 的制定须保证一定的入海水量，以维持河口生态平衡。

2. 公平性原则

（1）自然条件相似的地区之间的单位面积上的目标 ET、人均 ET 应逐步趋近。目前主要有两种方法来判断地区之间的公平性。一是极值比法，极值比越大，差异越大，越不公平。二是用标准差 σ 来表示，σ 越小，说明差异越小。

（2）本着可持续发展和公平性原则，需要尽量实现"本地水本地用"，减少跨区域调水和地下水超采。因此，区域目标 ET 的制定需要满足调配水量（含地下水超采和跨流域调水量）的绝对值最小的优化目标，目标函数如下：

$$Z = \min \sum_{i=1}^{n} (P_i - ET_i)^2 \tag{3.2-31}$$

式中：P_i 为单元 i 的平均降水量；ET_i 为单元 i 的区域目标 ET。

另外，应考虑以下因素：山区降水较多，人口稀少，经济不发达，用水效率相对较低；平原区降水相对较少，人口集中，经济发达，用水效率较高；山区向平原区输水主要靠河道自流，成本较低。在同时考虑高效性准则的情况下，一般要求山区目标 ET 小于其降雨量，平原区目标 ET 可适当大于其降水量，即

山丘区：
$$P_i - ET_i \geq 0 \tag{3.2-32}$$

平原区：　　　　　　　　　　　　　　$P_i - ET_i \leqslant 0$　　　　　　　　　　（3.2-33）

3. 高效性准则

未来水平年的灌溉用水生产效率和工业用水生产效率要比现状年有所提高。灌溉 ET 在合理的范围内逐步减少,农业产量和产值不减少。

1）灌溉 ET 生产效率

$$K_I(k) = \frac{\sum_{i=1}^{n} \left[1\,500 \times (a_{k,i} \times I_{k,i}^2 + b_{k,i} \times I_{k,i} + c_{k,i}) \times pr_i \times A_{k,i} - 1\,000 \times I_{k,i} \times A_{k,i} \times pr_w \right]}{I_{Ik}}$$

（3.2-34）

式中：$K_I(k)$ 指第 k 计算单元灌溉耕地上的灌溉 ET 生产效率,元/m³;i 指研究区域作物种类;k 指的是计算单元分区;a、b、c 表示水分生产函数中的系数;I_{Ik} 表示单位面积上的灌溉水量,mm;$a_{k,i} \times I_{k,i}^2 + b_{k,i} \times I_{k,i} + c_{k,i}$ 为水分生产函数,kg/亩;A 表示各种作物的面积,km²;pr_i 表示各种作物的价格（其中扣掉了生产成本价格,包括化肥、农药、人力等生产资料的费用）;pr_w 表示灌溉用水的价格。

2）工业、第三产业 ET 生产效率

$$K_J(k) = \frac{\sum_{j=1}^{n} SeV_{k,j}}{ET_{Jk}}$$

（3.2-35）

式中：$K_J(k)$ 指第 k 计算单元上居工地的工业 ET 生产效率,元/m³;j 为行业种类;$SeV_{k,j}$ 为第 k 计算单元第 j 行业的增加值,ET_{Jk} 是第 k 计算单元上的 ET 值。

三产 ET 生产效率的计算方法同工业 ET 生产效率。

4. 尊重历史与现状原则

制定的地下水压采方案要在现状超采量的基础上逐步压缩,不能一蹴而就。

如果评估通过,说明计算的目标 ET 在广义水资源配置上是合理的;如果评估不通过,则需要对目标 ET 进行调整。可调整的分项 ET 主要是可控部分,即灌溉耕地 ET 和居工地人工补水 ET。前者靠改变作物的种植结构以及调整灌溉模式两条途径来实现;后者靠控制供水来实现,通过减少水源供给来促进节约用水和高效用水,减少低效的 ET。当压缩可控部分的分项 ET 无法满足要求时,可以适当减少不可控部分的分项 ET。因为所谓不可控是相对的,天然蒸散发间接受到人工取用水、水土保持、生态治理等的影响,与下垫面条件有很大关系,可以通过改变下垫面条件来影响区域天然 ET,也可以通过增加取水量来减少局部地区水分状况,从而减少陆生植被、水生植被、水域等的 ET。当调整可控及不可控分项 ET 均达上限,仍不能满足要求时,就需要考虑实施跨流域调水措施,对原跨流域调水分配方案进行修正。

调整后的目标 ET 仍然需要按上述方法进行评估,评估通过的目标 ET 仅仅是通过了广义水资源配置合理性检验,要实际应用,还需要通过水资源配置合理性检验,即用水资源配置模型进行满足目标 ET 的水量平衡调算,计算通过后才能投入实际应用。

3.3 区域现状 ET 的计算

在流域或区域宏观尺度上,基于水量平衡原理的分布式水文模型技术和基于能量平衡原理的遥感反演技术是目前计算非居工地现状 ET 的两种主要方式,居工地现状 ET 的计算采用用水量乘以耗水率的方法来进行。遥感技术的出现克服了传统监测方法中定点观测难以推广到大面积区域上的局限性,能够充分考虑蒸发蒸腾的主要驱动因子——太阳辐射,在综合考虑净辐射通量、土壤热通量和大气显热通量的基础上,通过能量平衡方程来获得区域不同时段的蒸发蒸腾量。多波段的遥感卫星还可以测量和反演水文气象模式所需要的一些基本的地面状态参数,能够相对准确地描述蒸发蒸腾量的空间分布,准确率大概在85%。

近二三十年发展起来的分布式水文模拟技术,能够比较客观地反映气候及下垫面参数的空间变化,在模拟中,能够依据下垫面条件将研究区域划分为不同的子单元,通过一系列的物理方程将水循环各要素及其过程有机联系起来并进行水循环全要素的模拟,给出不同时空尺度的水文响应及模拟结果。对于其中的蒸发蒸腾量的模拟可以通过利用空气动力学及能量平衡原理,并考虑土壤的水热运移状况、植被叶面截留、叶片气孔水汽扩散和根系吸水等情况,采用不同的方法进行计算来获得。同时,在模拟中还可以与遥感反演技术相结合,通过遥感反演的下垫面参数和同化相关水循环要素的反演数据等方式来提高复杂下垫面条件下的蒸发蒸腾量的模拟精度。分布式水文模型在水循环各分量的模拟中得到了非常广泛的应用。

3.4 区域现状 ET 的调控

ET 管理通过调控水资源的消耗量,并提高单位用水的产出,减少水资源的无效消耗和低效消耗,从根本上解决水资源短缺问题。ET 管理是以区域需水结构和耗水机理为核心内容的水资源的科学管理和保护机理,对于保护生态环境、保障粮食安全和促进农业节水都具有十分重要的意义。

3.4.1 ET 的调控理论

3.4.1.1 ET 调控的目标

根据区域目标 ET 的定义,影响区域目标 ET 的因素包括区域的经济社会发展阶段、当地水资源条件、生态不退化约束或生态恢复目标和需要达到的经济目标。

经济发展与生态环境保护既相互冲突,也相互依赖。在不同的社会发展阶段,对经济发展目标与生态保护目标有不同的侧重。在初级求生存的阶段经济发展第一,生存之后是谋发展阶段,我国现在有实力也有义务选择一条科学文明的发展道路,提高核心竞争力。所以,ET 管理较以往的水资源管理理论更加注重生态环境保护。

水资源条件包括原生的水资源条件,如降雨、上游来水、本地产水条件、水量水质、水生态等,也包括人为创造的水资源条件,如调水、海水淡化、再生水回用等。

现状 ET 的调控是从"以人为本"的角度出发,研究怎样在当地水资源有限的情况下,控制水资源消耗,提高用水效率,减少并尽量消除水资源过量开采,使经济发展与水资源条件相适应,实现人与自然和谐发展。在当地水资源条件确实无法满足人口基本生存和发展需要的情况下,要考虑外流域调水,以适应社会经济发展需求。

3.4.1.2　天然 ET 调控理论

非灌溉植被 ET、水域 ET 和未利用土地 ET 的能量来源是太阳辐射,水分来源主要是天然降水,没有人工供水,人类活动对它们的直接干扰很小。

影响天然 ET 的因素包括土地利用类型、气象条件和水分条件。

因此,对天然 ET 进行调控主要从土地利用类型和水分条件两个方面入手。

第一类,调整土地利用类型。调查土地利用类型可以在一定程度上控制天然蒸散发,如退耕还林、退林还草、改变种植结构等。一般情况下水面蒸发最大,林地蒸发大于草地蒸发,高覆盖度植被蒸发大于低覆盖度植被蒸发。

第二类,改变水分条件。土壤水分对蒸散发的影响较大,可以通过控制地表水循环来间接调控,如设置生态闸、生态调水、地下水回灌等来改变水分条件。

3.4.1.3　城市 ET 调控理论

城市的供水和用水主要通过管网实现,城市 ET 在取水、输水、用水、排水过程中都有发生,其能量来源多样化。传统的城市水资源的消耗一般采用水平衡测试法,即用取水量减去排水量来确定耗水量。

城市 ET 包括生活 ET 和生产 ET。生活 ET 主要是饮用、卫生、冲厕等家庭用水消耗,中国的城市与欧美等西方国家和地区不同,普遍存在人口众多、土地资源不足的问题,因此普通家庭用水不存在花园浇灌耗水。生活用水与人们的生活质量息息相关,不能单纯为了节水而节水,强制减少人们生活用水定额,但输水过程的损失和浪费是必须减少的。生产 ET 是在人类生产活动中消耗的水量,在取水、输水、用水和排水过程中都有发生,产品加工过程中固化在产品中运送到外部区域的水量也属于生产 ET 的一部分。

目前关于工业节水的研究很多,主要分为两个层次:一是节水技术与工艺层次,是指通过改进工艺或新的技术来减少工业用水或不用水,采用节水工艺或设备;二是基于需水管理的工业节水研究,其概念相对宏观,主要运用统计学方法。

尽管城市 ET 的机理尚不明确,但在输水过程或生产过程中产生的水分逸散是一种浪费已成为共识。因此,供水过程中的节水、工艺节水和产业结构调整是城市 ET 调控的主要手段。

1.发展循环用水

城市 ET 调控的思路是在保证经济产出不减少的前提下,通过延长水在社会经济系统中的运动轨迹来减少从地表或地下的取水量,从而提高城市用水的生产效率,其主要思想是循环利用。

"过程节水"的思想在社会水循环系统的不断演进中已经得到体现。起初的社会水循环过程仅仅包括"取水—用水—排水"三个环节,现在逐渐发展为以"取水—给水处理—配水——次利用—重复利用—污水处理—再生回用—排水"为基本结构的高级阶段,大大延长了水的循环轨迹,减少了因粗放取水排水带来的低效 ET。

工业节水中主要通过发展重复用水系统,淘汰直流用水系统。实现"厂内串联"和工业区内"厂际串联用水"是目前推广的工业节水方式。"厂际串联用水"需要不同工业企业之间具备逐级串联用水的水质和实施条件,即同一工业企业内部对水质需求差异不大,不同的工业企业之间的水质需求不同,各个工业企业用水规模不大,同时回用水水质必须符合生产需要的水质要求。这种方式适于在新建工业区或工业企业比较集中的地区实施,以便于集中建立污水处理设施和管网设施。

2. 发展节水工艺

发展少用水或者不用水的替代工业是比提高水资源的重复利用率更高水平的节水途径。如干式除灰与干式输灰(渣)、尿素生产 CO_2 和 NH_3 汽提工艺、干熄焦或低水分熄焦工艺、常减压蒸馏装置干式蒸馏等。发展节水工艺需要改变生产工艺,涉及面广。通常对老企业实行工艺节水往往不如提高水的重复利用率简便,但对新建、改建的企业,采用工艺节水技术比单纯进行水的循环利用和回用更为方便与合理。

3. 产业结构调整

在可用水资源量一定的约束条件下,以工业增加值最大为目标函数可以对工业产业结构进行优化。降低高耗水行业的比例,推广低耗水高产出的行业,可以提高区域内工业的用水经济效益。常见的以工业用水量最小为目标函数的工业产业优化模型如下:

$$W_t = \min \sum_{i=1}^{n} \sum_{j=1}^{m_i} w_{ijt} v_{ijt} \quad (i = 1, 2, \cdots, n; j = 1, 2, \cdots, m_i) \tag{3.4-1}$$

式中:n 为工业行业部门总数;m_i 为第 i 个工业行业企业总数;W_t 为 t 水平年工业用水量;w_{ijt} 为 t 水平年第 i 个工业行业第 j 个企业的万元增加值用水量;v_{ijt} 为 t 水平年第 i 个工业行业第 j 个企业的增加值。

现在公认的高耗水行业有火电、钢铁、石化、化工、造纸、有色金属、食品与发酵等 8 个行业,"十一五"国家科技支撑计划重大项目"重点耗水行业节水技术开发与示范"课题(2006 年 10 月至 2010 年 12 月)有针对性地重点研究了针对我国六大高耗水行业(钢铁、石油、石化、化工、造纸、有色)的节水关键技术。

3.4.1.4 **灌溉 ET 调控理论**

灌溉耕地 ET 由单作物 ET 与种植结构确定。单作物 ET 受作物品种、水分条件、气象条件、灌溉制度的影响。目前,关于田间节水灌溉和以水资源为约束条件或优化目标的种植结构调整研究都有比较多的成果。提高单位 ET 产出的方法主要是科学灌溉和种植结构优化。

下面从单作物 ET 调控和种植结构调整两个层次介绍灌溉耕地 ET 调控理论。

1. 单作物 ET 调控

由于作物产量受水分生产函数的控制。传统的充分灌溉是指在水量充足的情况下,满足作物全生育期内潜在蒸发蒸腾对水的需求,以获取作物最高产量为目标,即"丰水高产"。

随着水资源供需日益紧张,为了提高水分的生产效率,出现了对水资源不足或缺水年(季)所采取的一种限额灌溉(非充分灌溉,也称控制灌溉或调亏灌溉)。非充分灌溉不以追求传统的单产最高为目标,而是追求高效用水条件下的效益最大或费用最小。

常用的描述作物耗水量(ET)与产出 Y(作物单产)的关系的模型为

$$Y = a \cdot ET_a^2 + b \cdot ET_a + c \tag{3.4-2}$$

式中:Y 为单作物产量,kg/亩;ET_a 为作物实际耗水量,mm 或 m³/亩;a、b、c 为回归系数。

当作物产量最大时:

$$\frac{\mathrm{d}Y}{\mathrm{d}ET_a} = a \cdot ET_a + b = 0 \tag{3.4-3}$$

则

$$ET_a = -\frac{b}{a} \tag{3.4-4}$$

水分生产率(单位 ET 的粮食产出)的计算公式为

$$K = \frac{Y}{ET_a} = aET_a + b + \frac{c}{ET_a} \tag{3.4-5}$$

式中:K 为水分生产效率,kg/m³。

当 K 达到最大时:

$$\frac{\mathrm{d}K}{\mathrm{d}ET_a} = a - \frac{c}{ET_a^2} = 0 \tag{3.4-6}$$

则

$$ET_{jj} = \sqrt{\frac{c}{a}} \tag{3.4-7}$$

式中:ET_{jj} 为作物的经济耗水量。

2. 种植结构调整

在灌溉耕地上种有多种作物,不同的种植结构会带来不同的经济产出。在一定的水资源约束条件下,以粮食产出最大为目标函数可以对灌溉耕地上的种植结构进行优化,粮食产出的指标可以是总产量或是总产值。下面以总产值最大的种植结构优化为例进行分析。

目标函数:

$$z(k,i) = \max \sum_{i=1}^{n} \left[(a_{k,i} \times w_{k,i}^2 + b_{k,i} \times w_{k,i} + c_{k,i}) \times pr_{k,i} \times s_{k,i} - w_{k,i} \times s_{k,i} \times prw \right] \tag{3.4-8}$$

式中:i 指作物种类;k 指研究分区;a、b、c 表示水分生产函数中的系数;w 表示单位面积上的灌水量;s 表示各种作物的面积;pr 表示各种作物的价格(其中扣掉了生产成本价格,包括化肥、农药、人力等生产资料的费用);prw 表示灌溉用水的价格。

3.5　ET 管理的典型架构体系

海河流域水资源严重短缺,供需矛盾突出,自有水资源条件已不足以支撑流域社会经济及生态系统的长期可持续发展。自 20 世纪 70 年代以来,长期大量超采地下水、挤占地表生态用水来满足生产和生活用水需求,供水量粗放式增长的不合理水资源开发利用方式已对流域水生态环境系统带来了严重损害。为此,海河流域已实施了引滦入津、引黄济津、引黄济冀等多项跨流域调水工程,在一定程度上缓解了重点区域水资源紧缺形势。

海河流域的漳卫南运河平原与徒骇马颊河平原位于黄河下游干流两岸,土地资源丰富,光热条件组合良好,地势平坦,自身水资源条件不足以支撑平原区农业灌溉事业的发展。依靠黄河河道河底高程高于两岸平原区高程的天然优势,自 20 世纪 50 年代开始,位于漳卫南运河平原区和徒骇马颊河平原区的河南省豫北地区和山东省鲁北地区开始大规模建设引黄自流灌溉工程,大力发展引黄灌区。60 多年来,黄河下游有关各级水行政管理机构在引黄灌区的水资源开发利用、工农业节约用水等方面开展了大量卓有成效的管理工作,取得了显著成效。但是,整体总结起来,我国在节水研究方面,目前仍然主要侧重于工程措施和用水管理,重视提高灌区农业灌溉用水的利用效率。

基于前述 ET 管理工作的理论体系与技术方法,在从前文中提出的区域水量平衡方程出发而架构出的融合 ET 管理理念的流域水资源综合管理技术体系的基础上,结合海河流域潘庄引黄灌区的水资源供需状况,继续探讨融合 ET 管理理念的水资源综合管理技术体系实施的典型基层管理架构,为实施最严格水资源管理制度进而实现以水资源的可持续利用支撑流域经济社会生态和谐发展的流域或区域水资源管理目标提供实践指导。

基于 ET 的水资源管理是针对一定范围(流域或区域)内的综合 ET 值与当地的可利用水资源量的对比关系,进行水资源的分配或对 ET 进行控制的管理办法;通过提高水资源的利用效率,减小社会水循环分支系统中不可回收的水量,使同等水分消耗条件下的生产效率得以大幅度提高,从而达到资源性节水的目的;在满足地下水不超采、农民不减收、环境不破坏的条件下进一步合理分配各部门和各行业可利用的水量,通过调整产业结构和应用各种节水新技术、新方法,解决各部门和各行业(包括环境和生态用水)之间的用水竞争问题,达到整个区域的水量平衡。

农业是水资源耗用的第一大用户,地表面积上的自然蒸发蒸腾(ET)也是水循环中的最重要消耗环节,ET 管理应以生态用水和农业节水等为重要着力点,因此分析灌区在实施 ET 管理过程中可以采用的研究架构体系对于海河流域实施最严格水资源管理制度具有特别重要的意义。

潘庄引黄灌区是一个大型灌区,位于山东省德州市西部,总面积 5 867 km²,耕地面积 39 万 hm²,设计灌溉面积 33.3 万 hm²,行政区域包括齐河、禹城、平原、夏津、武城、德城、宁津和陵县等 8 个县(市、区)的全部或部分,农业人口近 300 万。潘庄引黄闸位于黄河下游左岸的齐河县马集乡潘庄村附近,设计引水流量 100 m³/s,年均引水 9.47 亿 m³。

结合潘庄引黄灌区的水资源供需状况,从区域干旱风险最小与农业种植结构优化的角度出发,在流域水资源综合管理技术体系的框架下,研究提出一个灌区尺度上的实施 ET 管理体系的典型架构,具体如图 3.5-1 所示。

ET 管理体系的典型架构由预测层、监测层、调控层和反馈层等 4 个模块有机组成。

(1)预测层。预测层包括粗时间粒度上的预测、细时间粒度上的预测以及多元变量

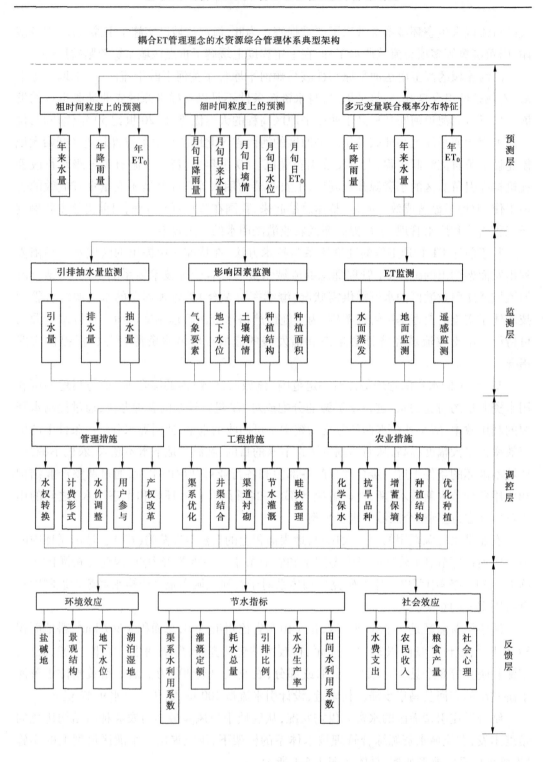

图 3.5-1　灌区尺度上的 ET 管理技术体系的典型架构

联合概率分布特征等 3 个部分。粗时间粒度上的预测主要进行年来水量、年降雨量和年参考作物腾发量(ET_0)的预测,用以规划层面。细时间粒度上的预测主要进行月、旬、日时间尺度上的降雨量、来水量、墒情、水位、ET_0 的预测,用以计划层面。多元变量联合概率分布特征的分析主要是基于水资源耗用结构风险最小原理来进行干旱风险评估与种植结构调整的相关指导和管理,用以规划层面。

（2）监测层。监测层包括引排抽水量监测、影响因素监测和 ET 监测。引排抽水量监测主要进行灌区引黄涵闸、排水沟渠、地下水源井等供水设施的实时供水量,为水资源耗用量统计与管理提供基础数据。影响因素监测主要进行包括降水、气温、日照、风速等在内的气象要素、地下水位、土壤墒情、种植结构和种植面积等水资源耗用的内外影响因素监测,用以进行相关的统计和管理。ET 监测主要进行各种下垫面条件下的蒸腾蒸发量的实时监测,主要手段包括蒸发皿观测、涡度监测仪、卫星遥感等多重手段,这是 ET 管理典型架构的核心组成部分。

（3）调控层。调控层主要是根据 ET 管理的目标和实际 ET 的差异,通过采取管理、工程和农业等各项措施来消除二者之间的差异,调节和控制不同类型的 ET,实现 ET 管理的组织目标。调控措施涉及经济、社会、生态等诸多方面,是一个复杂的系统工程,是 ET 管理体系典型架构正常运行的能动保障。

（4）反馈层。反馈层主要由环境效应、节水指标和社会效应等 3 个指标层组成。ET 管理的最终目的是通过实施最严格水资源管理来实现经济、社会和生态系统的和谐发展与良性循环,非常有必要通过合理有效的指标体系来衡量和表征 ET 管理的实施效果并将其反馈回管理者以调整相关的目标和采取的措施。

ET 管理立足于流域或区域水文循环过程,以水资源在其动态转化过程中的主要消耗——蒸发蒸腾为出发点,以生态友好、经济合理、社会可行为约束条件,以提高水资源的利用效率和效益为目标,对传统水资源需求管理是有益的补充,是一种先进的水资源管理理念,同时也是一种新生的水资源管理技术。本节提出的 ET 管理技术体系典型架构为海河流域 ET 管理实施的组织化、系统化和流程化提供了积极参考。

3.6　实施 ET 管理的保障措施

3.6.1　建立基于 ET 的水资源管理体系

3.6.1.1　树立以 ET 管理为核心的水资源管理理念

为保证黄河流域节水和高效用水工作的全面推进和快速发展,水资源管理需要实现从以"供需平衡"为核心到以"ET 耗水"为核心的管理理念的转变。

以"供需平衡"为核心的传统水资源管理中的"节水"主要是通过水利工程和管理等手段来提高水资源的利用效率。

以"ET 耗水"为核心的水资源管理理念中的"节水",是从水资源消耗的效率出发,立足于水文循环全过程,注重水循环过程中各个环节中的用水量消耗效率,将农业措施与工程措施相结合,尽量减少无效消耗,提高有效消耗,使区域有限的水资源利用效率最大化。

在管理对象上,以"供需平衡"为核心的水资源管理主要是对水文循环过程中的径流量实施管理,对于黄河流域来说,仅局限于多年平均(1956～2000 年)的 707 亿 m³ 地表和地下的径流性水资源。对于在生产活动和生态环境保护方面上发挥重要作用的非径流性水资源如土壤水并不涉及。以"耗水"管理为核心的 ET 管理,则是立足于水循环全过程,是以全部水汽通量为对象的水资源管理,也是对水循环过程中水资源消耗过程的一种管理。因此,针对黄河流域水资源短缺日益严重的现状,立足于水文循环过程,要实现黄河流域的经济、社会和生态之间相协调的可持续发展,水资源管理理念必须转变为"ET 耗水"管理。

3.6.1.2　设立 ET 管理的相应专门机构

在黄河流域实施节水和高效用水工作是一项综合性很强的复杂的系统工程,为保证各项节水措施的实施和 ET 管理总体目标的实现,需要有专门的机构进行管理。建议以黄河水利委员会水资源管理与调度局为组织依托,在该局内成立黄河流域 ET 管理的专门处室,纳入流域的水资源管理体系中,同时各省(市、自治区)也要成立相应的 ET 管理机构。其职责为负责每年运用遥感方式监测其辖区内的 ET、主要作物水分生产率数据的生产和地面验证;发布其区域内各县的 ET、水分生产率;每年对照目标 ET 和主要作物的水分生产率,与各省(市、自治区)联合对各省(市、自治区)的用水效率做出评估;针对本年度用水中存在的问题提出下一年用水建议;每年以省级行政区为单位,将通过分布式水文模型计算和遥感反演得到的 ET、主要作物水分生产率通过流域水资源公报进行发布,用于指导流域内各地的节水工作。

3.6.1.3　建立用户参与管理的民主用水管理机制

农业节水工程的建设和实施,离不开用户的参与。一切技术和措施最终要通过用户的实施来实现,用户是节水的主体。目前,我国乡(镇)以上有常设水利管理机构,而行政村、灌区斗渠以下尚缺乏专门管理用水与排水的组织,是目前水资源管理工作中的一个薄弱环节。因此,建立用户参与管理和决策的民主管理机制是节水环节中不可缺少的重要组织形式之一。

在宁夏、内蒙古引黄灌区实行的"用水者协会"和"农民自主灌排区"的水管理模式,在供水管理、工程管理、综合节水措施的实施、水费计收方面取得了较好的成效,积累了一定的经验,具有全黄河流域推广的价值。

"用水者协会"以民主选举的方式选取管理者,进行用水自主管理,按照用水者协会章程规定的责、权、利范围,负责节水增产项目的操作管理,包括工程运行管理、养护与修理、更新与改造;负责编制、实行年度用水计划、财务和工程投资计划,核定水价、收取和上缴,制定、修改并执行协会章程,参与或组织技术培训,组织用水农户推广项目设计的节水增产技术措施等。

"农民自主灌排区"是指在水利界限清晰、相对独立的灌排区或井灌区,按照市场经济体制自主经营、独立核算、自负盈亏、管理与服务相结合的原则组织起来的、强调民众参与的、非营利的经济实体,旨在逐步减少并最终消除政府财政依赖。其主要模式是"供水公司 + 用水者协会"。通过"用水者协会"民主管理的方式,可实现灌溉用水的自行管理、自动维修、自主供水、自发交费、按方结算的有效管理,充分调动农户参与管理的积极性。

建议在黄河流域的其他灌区内结合各自的特点,进行研究,做好示范和推广应用。

3.6.1.4 加强对基层水管人员的培训

发展节水农业最终要依靠广大的基层技术人员和农民用水户才能实现。在流域尺度上进行农业节水,实行 ET 管理是一项新技术,开展培训尤为重要。一方面,让基层水利工作者转变观念,认识应用 ET 管理的科学内涵,学会如何应用 ET 管理理念进行农业"真实"节水;另一方面,通过技术培训让农民掌握农业节水种植技术以及其他科学用水的知识和技能。

3.6.2 建立基于 ET 的水资源管理组织实施体系

3.6.2.1 将广义的水资源配置系统纳入黄河流域水资源综合规划

水资源合理配置是实现水资源可持续利用的重要手段。流域水资源规划应建立面向经济社会生态系统的广义水资源配置体系,即在传统水资源调配的基础上,将配置水源拓展到降水、地表水、地下水和土壤水,以满足经济社会和生态用水的需求。只有把握各个用户在各个环节的供水、用水和耗水过程,才能制定相应的对策,尽量减少供水、用水过程中的无效消耗,最大限度地实现 ET 管理目标。

3.6.2.2 完善主要跨省河流省界断面及区域界断面的水量监测站网

为了有效地实现 ET 管理的目标,掌握流域内各省(自治区)以及各县(市)的来水、去水情况,尤其是对于跨省河流更需要加强相应的站点监测工作,对于跨县(市)的河流也要加强相应的水文水质监测工作,并利用现有水文传输网络,实时监测信息,为进行水资源调度和水量分配(ET 分配)提供基础依据。对已有控制工程或有水文实测站点的,应对其监测的出入境水量数据进行监测和实时公布,让相关的省、市、县等行政实体了解其上下游、左右岸的用水情况;对没有控制工程或没有水文站点的,应结合河道治理工作,分期分批增设水文站点,完善水文监测站网。

3.6.2.3 建立健全有关 ET 管理实施的监测和评价指标体系

为科学地评价各地区的用水效率、节水效果等情况,必须建立一套统一的监测评价和指标体系,主要包括以下内容。

(1)用水量指标:用水总量、农业用水总量、工业用水总量、生活用水总量、单位面积灌溉用水量、单位面积的 ET、万元农业产值耗水量、万元工业产值耗水量等。

(2)节水量指标:采取节水措施前后该地区农业用水总量或灌溉用水总量实际减少值(用 ET 表示)。

(3)用水效率指标:渠道水利用系数、渠系水利用系数、田间水利用系数、灌溉水利用系数、旱作农业中的天然降水有效利用系数。

(4)水分生产率指标:单位水量生产农产品数量(粮食、蔬菜、水果等)、单位水量创造农业产值、单位水量产生的纯利润、单位水量创造的工业产值。

(5)节水工程实物量指标:已建成的防渗渠道总长度、渠道防渗率、已建成的输水管道总长度、单位灌溉面积平均占有的输水管道长度、已建成的喷灌工程面积、微灌工程面积、单位灌溉面积畦块数等。

(6)田间高效用水技术措施推广面积:以非工程措施为主的高效用水技术推广面积,

如水稻"浅湿晒"控制灌溉技术应用面积、大田旱作物非充分灌溉技术应用面积、抗旱注水播种保苗技术应用面积、旱作农业技术推广面积等。

（7）生态环境指标：采取节水综合措施后，对地下水位、水质变化的影响；采用地下水回灌措施回补地下水的效果；对农田田间小气候的影响；对天然林草植被、人工林草地、湿地本身及生物多样性的影响；对江河湖泊、河口滩涂海域等的影响；对土壤次生盐碱化的影响等。

（8）社会效益指标：对减少农田水利建设与管理用工、减轻农民劳动强度、改善农民劳动条件、提高劳动生产率的影响；对提高土地利用率、提高肥料有效利用率的影响；对促进农业结构调整，增加农民收入的作用；对促进农业机械化、推动农业现代化的作用；对农村水利建设与管理体制及机制改革的影响；节约下来的水转移到工业、城镇等其他行业、领域产生的间接效益分析等。

3.6.3　加大对节水建设的资金投入

3.6.3.1　把节水高效农业建设列为重点，各级政府给予资金支持

为了提高灌溉水的利用率，必须进行以节水为中心的灌区配套设施基础建设和技术改造，为此，需要大量的资金投入。从典型调查的资料来看，每亩投入一般需要 300 ~ 400 元，每节约 1 m^3 水一般需 2 ~ 3 元。从目前黄河流域的实际情况来看，灌溉节水工程光靠农民投入是远远不够的。建议国家和地方政府把节水高效农业建设列为重点，在资金投入上给以大力扶持。

3.6.3.2　充分挖掘投资潜力、拓宽投资渠道

充分挖掘现有投资潜力，从制度及机制上确保已有资金的高效利用。主要包括三个方面：第一，进一步实施完善国家财政贴息投入政策，继续按照"两部一行"《关于发放节水灌溉和打井贴息贷款的通知》精神，落实贴息资金，同时完善贴息贷款管理制度，建立良好的运行机制，提高效率。第二，高效率地运转国家财政安排的用于支持农田水利建设的专项基金，实现节水、农田水利建设和农业生产经营三者高效地有机结合。第三，从完善水资源市场，特别是从水价改革中获取适量的资金，建立良性的水利经济。

拓宽投资渠道，多方筹集资金，是对国家投资不足的重要补充，主要包括三个方面：其一，除了继续安排专项基金支持节水农业建设外，建议在水利建设基金中提取一定的比例用于节水农业建设。其二，建立国家、集体、个人等多渠道、多元化的投资体系，按照"谁投资、谁所有，谁管理、谁受益"的原则，国家、集体、个人共同投资。其三，吸引外资参与中国的节水农业建设。2011 年中共中央一号文件提出要"从土地出让金中提取百分之十用于农田水利建设"，这一政策对于多年积弱的农田水利基本设施的改善具有重要作用。

3.6.3.3　继续加强水权转换工作的研究和推进，实现工业反哺农业

水权转换工作能够在不增加黄河分水指标的前提下，通过企业投资农业节水灌溉工程，促进农业节约用水，为新建工业项目提供水源，解决制约缺水地区经济社会发展的水资源瓶颈问题。经过近 5 年多的探索实践，试点工作取得重要进展。截至 2008 年 10 月，黄委已审批 26 个水权转换项目，其中内蒙古 20 个，宁夏 6 个，合计转换水量 2.28 亿 m^3，节水工程总投资 12.26 亿元。黄河流域的水权转换工作指引了中国水权制度建设的基本

方向,也为其他江河的水权水市场制度建设提供了宝贵经验。

目前,黄河水权转换主要是省区内、行政区内部的水权转移,已经产生了十分可观的效益。实际上,水权转换可以进一步扩展到跨行政区和跨省区,而且理论研究表明,黄河流域跨区域的水权市场有比较大的潜在发展空间。据清华大学王亚华教授以《黄河流域"十一五"节水型社会建设规划》中的数据为基础进行的测算,如果黄河流域引入跨省区的水市场,所带来的节水投资节约是可观的,相对于 2010 年全流域节水规划投资,工农业两部门之间的水交易带来的投资节约达 25 亿元,相当于工农业两部门规划节水投资的18.5%。如果是内蒙古的工农业两部门,通过水交易可以节约 1.5 亿元,相当于内蒙古工农业两部门规划节水投资的 7.3%。如果黄河上游四个省区组成一个区域市场的话,可以节约 14 亿元节水投资,相当于这四省区工农业两部门规划投资的 17%。进一步推算,由于规划 2020 年工农业两部门节水投资为 450 亿元,引入水市场后预期带来的投资节约幅度将超过 100 亿元。今后的黄河流域水权转换工作的可持续发展应注重科学推进水权明晰工作、切实保护农民和农业的利益、筹建黄河流域水银行等方面的工作。

3.6.4　着力实施农业综合节水措施、加强农业节水工作

目前,有关农业节水的技术很多,包括农业水资源合理开发利用技术、节水灌溉工程技术、农业节水技术、节水管理技术等。在实际应用中,不同的地区往往偏向于某类单项技术,缺乏将这些技术根据各地的实际情况进行综合的实践,影响农业用水效率的提高。考虑到黄河流域各省(市、区)经济发展实际情况,近期在农业节水综合措施上可以把下列几个方面列为重点。

3.6.4.1　继续进行原有灌区的更新改造和配套设施建设

黄河流域现有的大中型灌区是流域主要的粮棉油生产基地。这些灌区大都运行 30～50 年以上,其中一部分老化失修,还有一部分工程尚不配套;大部分工程标准都不高;有的渠系渗漏严重,地下水位较高,盐碱化灾害明显;还有一部分水资源严重不足,效益衰减。因此,加强现有灌区节水改造与续建配套,对于改善农业生产条件,提高农业综合生产能力,发展农村经济,促进农业现代化有重要意义。

大中型灌区节水改造,必须坚持"一改""二带""三拓展"。"一改"系指对灌区灌溉工程进行节水改造;"二带"系指带动农田基本建设、带动灌区科学用水管理;"三拓展"系指向高标准园田化拓展,向农业高效节水增产拓展,向管理型节水和现代化水管理拓展。

3.6.4.2　加强土壤墒情监测,因土制宜地进行灌溉

墒情是农田耕作层土壤含水率的俗称。墒情监测即直接监测农作物当时的土壤水分供给状况,其对指导农田适时、适量地进行节水灌溉具有重要意义。黄河流域目前农业用水采用的灌溉制度主要为非充分灌溉、调亏灌溉和灌关键水等灌溉制度,建立农田墒情监测及灌溉预警系统,目的是掌握土壤墒情动态变化,宏观上为区域水资源优化利用和政府部门决策提供依据;微观上指导农民科学灌溉,把有限的灌溉水资源用到作物最需要的生长发育阶段,降低 ET,提高水的整体利用效率。

土壤类型不同,蓄水保水的性能也不同,开展大规模的土壤质地和肥力调查是建设现代节水型农业的基础工作。土壤墒情监测手段可采用气象卫星遥感监测土壤墒情、土壤

水分模拟模型和田间灌溉预警相结合的方式,既可发挥各单项技术的优势,又互相弥补其不足。气象卫星遥感技术可迅速监测土壤水分状况、蒸发状况、干旱程度并实现等级划分,从宏观上掌握全省(市、区)不同地区的旱情分布,为领导决策提供依据,但由于分辨率所限,对复杂下垫面的监测效果不佳。土壤水分模拟技术可以利用卫星遥感监测提供的土壤水分初始资料,对每个像元不同土壤类型、田间管理水平和灌溉条件下的农田墒情实现进一步解译,提高分辨率,弥补卫星遥感的不足,指导科学灌溉。安装在田间的灌溉预警器,可将农田土壤墒情和灌溉信息迅速传给农民,指导灌溉;同时可以对土壤水分模型数据进行校对。

3.6.4.3　选用良种

由于品种的差异,作物水分生产率(WUE)存在较大的差别。培育抗旱增产品种是现代作物育种的一个新方向,也是提高农业用水效率的不可或缺的举措。选用良种既要考虑产量因素,又要考虑质量因素和市场因素。产量因素系指各种良种所适宜的产量与肥力范围。质量因素系指产品的质量特性,包括营养特性、深加工特性等。市场因素系指市场对于这种产品的需求,如随着饮食结构的变化,面包、方便面、硬质面条等需求量越来越大,这些食品主要是以硬质小麦为原料制造的,所以引入优质硬质小麦比一般小麦要有更好的市场前景。因此,选用良种非常重要,直接影响着农民增产增收目标的实现。

3.6.4.4　推广秸秆覆盖,减少无效蒸发

降低无效蒸发是提高农业用水效率的重要技术途径。为了减少土壤蒸发,目前在黄河流域比较成熟的技术有秸秆覆盖和地膜覆盖等。考虑到国内生产可降解塑料技术的局限性,大面积推广塑料覆盖会造成环境污染,因此以采用秸秆覆盖为佳。

3.6.4.5　机械蓄水保墒

机械蓄水保墒措施主要有深耕、耙糖、雨后锄耘、少耕和免耕等。深耕是提高土壤调控水分能力和管理农田生态系统的重要措施,一般 3～5 年深耕一次,增产效果良好;耙糖使耕作层土壤较实、细平,形成一个疏松的覆盖层,减少蒸发;雨后土壤水分无效蒸发消耗速率最大,雨后锄耘可以切断毛细管,减少土壤水分的无效蒸发,提高降雨量的纳蓄能力;少耕和免耕在小麦收割时留高茬免耕播种玉米,不仅有覆盖保墒作用,而且杂草不易丛生,可以减少无效蒸腾蒸发。

3.6.4.6　合理调整种植结构

种植结构调整是一个非常复杂的问题,受许多因素的制约,根据黄河流域各地水资源的差异以及土壤、气候、经济发展等特点,本节对各地区的种植结构调整提出以下建议。

全流域各区域应大幅度压缩水田种植面积;在保证粮食安全的前提下,适当减少灌溉面积;大城市应适度控制城市规模和人口的快速增长。具体方法为黄河流域山区大力发展集雨节灌工程,积极推广秸秆覆盖等农业节水措施,结合水土保持建设基本农田,除基本满足口粮和饲料粮外,大力发展生态农业,建立山区生态经济;河谷盆地及平原城市周边地区,在现有种植结构的基础上,压缩小麦、玉米种植面积,并利用经济优势,发展高附加值种植农业,如设施农业和经济产值高而耗水少的作物;宁蒙引黄灌区,应适当减少水稻种植面积,在保证粮食安全和节水的前提下,保持小麦和玉米的种植面积,可以适当增加棉花、油料、枸杞等经济附加值高的作物的种植面积。

3.6.4.7　积极开发利用多种水源

在地下水比较充裕的地区,如宁蒙引黄灌区等,应积极开发浅层地下水资源,发展井灌,推行井渠结合的灌溉方式。实行污水资源化,利用地下微咸水,增加灌溉水源。污水资源化对缓解农业灌溉缺水和治理环境都具有战略意义。废污水主要用于城市绿地和农业灌溉。鄂尔多斯台地等区域的微咸水开发利用时必须具备排水条件和自然降水的淋洗条件,也可与淡水混掺使用,避免土壤盐渍化的发生。

3.6.5　大力推行工业和生活节水措施

3.6.5.1　城市水利用应实施"节流优先,治污为本,多渠道开源"的战略对策

确保"节流优先",不仅是基于黄河流域水资源匮乏这一基本水情所应采取的基本对策,也是降低供水投资、减少污水排放、提高用水效率的最合理选择,这也是世界许多国家城市水资源利用所采取的方针。一般情况下,城市用水的 70% 以上将转化为污水而排出用水系统之外,因此多用水必然造成多排水,势必增加城市污水处理负荷。近年来,一些水资源相对丰富的发达国家之所以也大力推行节约用水,在很大程度上是出于减轻日益沉重的污水处理负担的需要。要实现住房和城乡建设部提出的城市未来新增用水量的一半要靠节水来解决的目标,力争将城市人均综合需水量指标控制在 160 m^3/年以内,使我国城市总用水量在城市人口达到最大值后得到稳定,必须加大产业结构和工业布局优化调整的力度,大力研制开发和推广应用先进的节水型用水器具、用水设备和先进的节水工艺,加强用水管理以减少无效用水和浪费用水,杜绝各种跑、冒、滴、漏,建立节水型工业和节水型城市。为了建立节水型的体制,不仅需要增强公众认识,还需要采取必要的法制、行政和经济等综合措施,同时还必须将"节流优先"的战略落到实处,即投入相应的资金和高新技术。

治污包括处理污水和治理污染两层含义,强调"治污为本"是保护供水水源水质,改善水环境的必然要求,也是实现城市水资源与水环境协调发展的根本出路。要充分认识并积极发挥治污对于改善环境、保护水源、增加可用水量、减少供水投资的多重效益。要把治污作为一项环保和"开源"的综合措施,以制度的形式长期不懈地坚持下去。在制定城市供水规划时,供水量的增加应以达到相应的治污目标为前提,这个目标的基本要求是遏制水环境的恶化趋势,并力争逐步改善。为此,必须加大城市污水处理和水污染防治的力度,增加建设资金和运行费用的投入,污水处理设施能力的增加速度必须高于供水设施,使城市污水处理率得到不断提高,并采取有效措施修复已经受到污染的城市水环境。

重视"多渠道开源"既是水资源综合利用的需要,也是优化不同水工程投资结构的要求。黄河流域城市缺水多属于资源性缺水,同时水污染也十分严重。因此,在加强节水和治污的同时,开发水资源也不容忽视。除合理开发地表水和地下水等传统水资源外,还应通过工程设施收集和利用雨水,既可减轻雨洪灾害,又可缓解城市水资源紧缺的矛盾;河口地区的城市则应大力开发利用海水作为工业冷却水或生活杂用水;同时要重视微咸水的利用。每个城市在制定供水规划时,应对传统水资源和非传统水资源进行技术经济比较,以效益优先的原则组合供水方案。

3.6.5.2　深化改革,加强城市水市场监管

为适应社会主义市场经济的要求和水资源管理"三条红线"控制的新形势,城市水行业要进一步解放思想、转变观念、深化改革,逐步建立与市场经济体制相适应的投融资及其运营管理体制,实现投资主体多元化、运营主体企业化、运行管理市场化,从而形成市场开放、适度竞争的建设运营格局。各级政府要努力营造良好的水市场氛围,为相关企业创造一个公开、公平、公正的竞争环境,鼓励企业在政府特许的范围内自主经营、自负盈亏、自我发展,并为社会提供优质服务;要进一步加强和完善城市水市场监管体系,各级政府要转变职能,加强监管力度,突出工作重点,尽快建立和完善城市供水水质督查和水价监审制度,规范企业行为,维护消费者权益。

1. 积极营造城市水市场环境

城市供水作为一种自然垄断商品,早已被社会广泛接受,随着改革开放的不断深入和社会主义市场经济的不断发展,城市水市场的产品、消费群体和经营主体都在发生变化,多元化和多层次发展趋势非常明显。就水市场的产品品种而言,直接为广大消费者服务的不仅有自来水,还有各种各样的瓶装、桶装或管道输送的纯净水、蒸馏水、矿泉水等,此外,还有再生水或中水等;间接为消费者服务的不仅有供水、节水、排水、污水处理及再生水利用的技术、设备、材料等硬件产品,还有相应的服务咨询和管理等软件产品。就水市场产品的经营主体而言,不仅有国内企业,还有国外企业;不仅有国有企业,还有民营企业、私人企业、股份制企业等。就水市场涉及的领域看,不仅供水已初步形成了市场,而且污水处理、再生水利用的节水等也在向市场化方向发展。因此,在这种形势下,首要任务是尽快出台相关政策加强引导,并抓紧制定和完善相关的法律法规,规范市场行为,为相关企业创造一个公平、公正、公开的竞争环境,鼓励各种所有制企业在政府的特许范围内从事水市场的经营活动,为消费者提供安全、可靠、优质、合理的服务。

2. 加强对城市水价的监审

1998 年 9 月 23 日,国家计委和建设部颁布了《城市供水价格管理办法》(以下简称《办法》),该《办法》的出台标志着我国城市水价改革在许多方面取得了重要进展。

一是确定了"补偿成本、合理收益、节约用水、公平负担"的定价原则,通货膨胀不再成为水价调整的制约因素,初步建立了水价形成机制。

二是规范了调整水价的行为,并将水价调整的审批权由中央政府下放到地方城市政府,体现了因地制宜和实事求是的原则。

三是规定在水价调整方案审批前,要举行听证会;在调价方案实施前,所在城市人民政府要向社会公告,重视公众的参与。

四是设置了容量水价和计量水价相结合的两部制或阶梯式水价结构,为供水企业的市场化运作和促进节约用水创造了有利条件。

由于各地的社会环境和经济条件不同,供水设施的投资、建设及运营管理情况存在很大的差异,消费者的承受能力和支付意愿等也不尽相同,因此为了体现公开、公平、公正的市场原则,各级政府要加强对城市供水价格以及污水处理价格和再生水价格的监督和审查,这是对水市场进行管理的重要手段。

3.加强对城市水质的督查

城市供水与其他许多商品不同,是自然垄断商品,具有公共物品属性。因此,城市水市场不应该也不可能是完全自由的市场,在经营主体多元化、供水企业多样化的情况下,政府对市场的监管职能不但不能削弱,反而应该加强,而监管的重点除水价外,水质是更重要的方面。

(1)水质与水价是水市场的一对孪生兄弟,彼此间既相互依存,又相互制约,优质优价应该逐渐成为水市场健康发展的重要标志。

(2)一个城市的水价在一段时期内是相对稳定的,水价监审只是阶段性的工作,而供水水质受许多因素影响,其质量状况是动态变化的,对水质的检测工作是日常的和持续的;Ⅱ、Ⅲ、Ⅳ类水质是衡量供水服务质量优劣的最重要指标,事关消费者的安全与健康及相应产品的质量。

(3)供水质量的检测与评价是一项专业性很强的业务,在通常情况下,消费者难以辨别水质的优劣。

因此,对城市水质的管理要比水价复杂得多,需要建立能适应城市水市场要求的督查体系,包括法律、法规、政策、规范、标准、机构和技术等许多方面,尤其要加强水质督查机构的建设。在现阶段,要充分利用国家城市供水水质监测网的技术、设备和人才资源优势,通过深化改革,使城市供水水质监测站依法取得真正的第三方地位,在国家质量管理部门和城市供水行业主管部门的指导下,行使城市水质督查职能。督查的范围不应限于供水水质,还应包括与之有关的原水水质、再生水水质及排水水质等。

3.6.5.3　加强管理、努力创建节水型城市

加强城市用水管理,以提高用水效率为核心,以促进城市水系统的良性循环为目标,综合运用行政、经济和技术等各种管理手段,提高城市节水水平,发展节水型工业,创建节水型城市。

1.进一步完善城市节水的法规标准

坚决贯彻执行《中华人民共和国水法》《中华人民共和国水污染防治法》《城市供水条例》《取水许可制度实施办法》中关于城市节水的有关规定以及《城市节约用水管理规定》,进一步完善关于城市节水的法规体系,使城市节水沿着法制化、规范化的轨道持续健康地向前发展。科学制订城市节水计划,并列入本地国民经济和社会发展计划、统筹安排,综合部署,加强对城市节水的领导。组织制订和逐步完善城市用水定额、节水型用水器具技术标准、城市供水管网漏失率控制指标等标准,加强城市节水的标准化管理,强化节水标准的执行力度,促进节水型器具的推广应用工作,提高工业和生活用水的效率,加强城市供水管网改造,节约水资源。

2.严格执行城市节水管理制度

要继续坚持计划用水和超计划用水累进加价制度,加大水价对节水的引导力度。要根据国家的有关规定,严格限制新建高耗水项目,禁止引进高耗水、高污染的工业项目,限制和淘汰落后的高耗水工艺和高耗水设备,提高工业用水效率。对新建、改建和扩建工业项目,要严格执行"三同时四到位"制度,节水设施必须与主体工程同时设计、同时施工、同时投入运行;用水单位必须做到用水计划到位、节水目标到位、节水措施到位、管水制度

到位。按照《建设工程质量管理条例》的有关规定,积极推广应用节水型用水器具,严格禁止新建、改建和扩建房屋中使用国家明令淘汰的卫生洁具和配件,限期更换改造现有公共建筑和各单位房屋建筑中不符合节水要求的用水器具,鼓励和引导居民住宅使用节水型用水器具。要建立和实行节约用水的考核制度,有计划、有步骤、有重点地开展对工业企业、用水单位和节水型城市节水的监督考核,加大节水奖励的力度。

3. 提高城市节水的技术含量

各城市、有关部门、工业企业要重视节约用水的科技研究工作,加大节水的科技投入、发展节水技术,鼓励采用先进的节水技术、节水工艺、节水方法、节水设备和节水器具,以科学进步推动城市节水工作。要积极支持城市节水的基础性研究和信息化管理工作,不断提高城市节水决策的科学性和城市节水管理的现代化水平。

4. 强化公众的节水意识

水资源的可持续利用是攸关民族生存和发展的大事,城市节水不仅是有关部门的责任,也是全社会的义务,要广泛动员社会各界,积极引导公众参与。要继续坚持城市节水宣传周活动,同时还要利用新闻媒体、公益性广告、宣传专栏、中小学教材等一切有效形式和媒体进行广泛、深入、持久的宣传教育,让公众了解水情,清醒地认识潜在的水危机,理解水资源可持续利用的重要性,强化公众的水患意识和节约用水的自觉性。还要提高公众对城市水资源开发利用的知情权、发言权和参与权,充分调动全社会的一切积极因素共同战胜水危机,实现城市水资源的可持续发展。

3.7　本章小结

本章从区域 ET 管理的系统环节组成出发,在探讨 ET 基本属性的基础上,提出了区域目标 ET 的定义、内涵及其制定原则,重点分析并构建了区域目标 ET 的分项指标体系,提出了区域目标 ET 的计算路线、评估方法和调整原则;之后,讨论了现状 ET 计算的两种途径,阐述了区域现状 ET 调控的原理和理论;最后提出了包括建立基于 ET 的水资源管理体系、架构基于 ET 的水资源管理组织实施体系、加大对节水建设的资金投入等方面的实施 ET 管理的基本保障措施框架。

根据区域目标 ET 的定义,影响区域目标 ET 的因素包括区域的经济社会发展阶段、当地水资源条件、生态不退化约束或生态恢复目标和需要达到的经济目标。经济发展与生态环境保护既相互冲突,也相互依赖。在不同的社会发展阶段,对经济发展目标与生态保护目标有不同的侧重。在初级求生存的阶段经济发展第一,生存之后是谋发展阶段,我国现在有实力也有义务选择一条科学文明的发展道路,提高核心竞争力。所以,区域目标 ET 较以往的水资源管理理论更加注重生态环境保护。

区域目标 ET 调控是从“以人为本”的角度出发,研究怎样在当地水资源有限的情况下,控制水资源消耗,提高用水效率,减少并尽量消除水资源过量开采,使经济发展与水资源条件相适应,实现人与自然和谐发展,对于实施最严格的水资源管理、实现经济社会生态协调发展具有积极促进意义和重要保障作用。

ET 管理立足于流域或区域水文循环过程,以水资源在其动态转化过程中的主要消耗——蒸发蒸腾为出发点,以生态友好、经济合理、社会可行为约束条件,以提高水资源的利用效率和效益为目标,对传统水资源需求管理是有益的补充,是一种先进的水资源管理理念,同时也是一种新生的水资源管理技术。结合黄河北岸鲁北地区的潘庄引黄灌区实际情况,提出一个融合 ET 管理理念的水资源综合管理技术体系的灌区尺度上的典型架构,构建了系统的 ET 管理实施框架体系并探讨了其相应的管理内容,为 ET 管理工作实施的组织化、系统化和流程化提供了技术和管理参考。

第 4 章　宁夏平原引黄灌区现状 ET 的分布式模拟

宁夏回族自治区地势南高北低,依据自然条件、地形地貌和农业生产水平,全区分为北部平原区、中部风沙区和南部丘陵区。北部平原引黄灌区由黄河冲积平原和贺兰山洪积倾斜平原组成,统称宁夏平原引黄灌区,其东、西、北三面被沙漠包围,黄河自西向东转北穿流而过,是典型的灌溉农业区,自秦汉时期就开始了引黄灌溉,素有"天下黄河富宁夏"之称。宁夏平原引黄灌区是我国历史悠久的大型灌区之一。

4.1　平原区概况

4.1.1　自然地理概况

4.1.1.1　地理位置

宁夏回族自治区是我国 5 个少数民族自治区之一,位于西北地区的东部,黄河上中游,与甘肃、内蒙古、陕西等省(自治区)毗邻,总面积 6.6 万 km^2。宁夏地势南高北低,依据自然条件、地形地貌和农业生产水平,全区可分为北部平原区、中部风沙区和南部丘陵区。北部平原引黄灌区由黄河冲积平原和贺兰山山前洪积倾斜平原组成,总面积 8 339 km^2,其东、西、北三面被沙漠包围,黄河自西向东转北传流而过,是镶嵌于腾格里、乌兰布和、毛乌素三大沙漠之间的绿色明珠,是典型的灌溉农业区,自秦汉时期起,我国的先民们就开始了引黄灌溉,素有"天下黄河富宁夏"之说。宁夏平原区包括银川平原和卫宁平原,行政区划涉及银川市、吴忠区、石嘴山市、中卫市等 4 个地级市。

4.1.1.2　地形地貌

宁夏回族自治区的地貌表现出由流水地貌向干燥地貌过渡的特点,自南向北分为六盘山山地、宁南黄土丘陵、宁中山地与山间平原、灵盐台地、银川平原和贺兰山山地等 6 个地貌单元。宁夏平原引黄灌区由卫宁平原和银川平原组成,银川平原包括黄河冲积平原和贺兰山山前洪积倾斜平原。黄河冲积平原地形平坦,地势由西南向东北倾斜,坡降约为 1/4 000,平原区内部沟渠纵横、湖沼众多、土地肥沃,是富裕的鱼米之乡,富有"塞上江南"之美称。贺兰山山前洪积倾斜平原,呈南宽北窄的长条状,自山洪沟口向外可分为 3 个带:①扇顶,地面坡度为 5°~7°,砾石密布,坎坷不平,土层浅薄,草木罕见;②中部,地面坡度为 3°左右,沟汊发育,砂砾混杂,多为荒漠草原形态;③前缘,以砂砾质土壤为主,地形平坦,现大部分为林地和农田。

4.1.1.3　气候气象

宁夏平原区地处内陆,远离海洋,位于我国东南季风区的西缘,冬季受内蒙古高压和西伯利亚高压控制,为寒冷气流南下之要冲,夏季处在东南季风西行的末梢,因而形成较为典型的大陆性气候,其基本特点是:春暖快、夏热短、秋凉早、冬寒长;干旱少雨、日照充足、蒸发强烈,风大沙多;气象灾害较多等。宁夏平原区属于干旱地区,无灌溉便无农业,多年平均日照时数为 3 000 h,多年平均降水量为 180 mm,蒸发量远大于降水量,干旱指数大于 6;热量资源丰富,最热月份平均气温 23 ℃。根据气候差异,可将宁夏银川平原分为银北平原和银南平原。银北平原包括银川以北地区,即石嘴山市的大武口区、惠农区、平罗县,大于 10 ℃的积温为 3 200~3 330 ℃,生长期 200 d 左右,最热月份平均气温在 23℃以上;银南平原,包括银川市区及其以南各县市,是全自治区热量资源最丰富的地区,大于 10 ℃的积温达 3 200 ℃,最热月份平均气温 23 ℃左右,生长期 210 d,年降水量 200 mm,多年平均日照时数为 2 900 h。卫宁灌区位于黄河沙坡头与青铜峡之间 120 km 长的狭长地带上,土地面积 686 km²,涉及中卫、中宁两县和青铜峡市的广武乡以及国营渠口农场等,原来多是多渠系的无坝引水,沙坡头水利枢纽建成后,部分渠道改为有坝引水,自然条件等与银南灌区相似。

4.1.1.4　土地利用

本研究对宁夏平原区土地利用类型的划分采用两级分类系统,具体包括耕地、林地、草地、水域、居工地和未利用地 6 类,这 6 类又可分为 24 个亚类。其中,耕地包括平原水田、山区旱地、丘陵旱地和平原旱地等 4 个亚类;林地包括有林地、疏林地、灌木林地和其他林地等 4 个亚类;草地包括高覆盖度草地、中覆盖度草地和低覆盖度草地等 3 个亚类;水域包括河流渠道、湖泊、水库坑塘、滩地和沼泽等 5 个亚类;居工地包括城镇用地、农村居民点用地和其他建设用地等 3 个亚类;未利用地包括沙地、戈壁、盐碱地、裸土地、裸岩石砾地等 5 个亚类。2000 年时,宁夏平原灌区土地利用类型中,耕地、林地、草地、水域、居工地和未利用地的面积分别为 3 750 km²、217 km²、1 116 km²、518 km²、504 km²、2 154 km²,分别占平原区总面积的 45.41%、2.63%、13.51%、6.27%、6.10%、26.08%。

4.1.2　社会经济现状

平原区是宁夏经济社会的中心区域,2004 年平原区人口为 322.9 万,占宁夏全区总人口的 54.9%,其中非农业人口为 173.2 万,平原区城镇化率为 53.6%,远高于宁夏全区 38.1%的水平。2004 年宁夏平原区全年实现国内生产总值 372.2 亿元,占全区全年国内生产总值的 80.8%,第一、二、三产业增加值分别为 52.8 亿元、193.5 亿元和 125.9 亿元,有效灌溉面积为 466.2 万亩,占全区的 75%,粮食总产量为 191.4 万 t。

目前,宁夏已初步形成以电力和煤炭为基础产业,以石化、冶金、建材、造纸、机电、食品等为支柱产业的工业产业格局,但还存在人口增长过快、城镇化标准和质量相对较低、中心城市作用有待加强,产业发展水平较低、结构不合理,农业中的种植业比重过高、种植业中粮食作物比例过高,经济增长方式的高投入、粗放型特征明显、综合效益较低,经济社会发展不平衡等突出问题。

4.1.3　生态环境现状

宁夏平原区地处西北干旱区域和东部季风区域,地理环境具有明显的过渡性,但依托便于引黄的天然有利条件,历经近 2 000 多年来的开发和改造而逐渐形成了虽然身居内陆但却美丽富饶胜似江南的"塞上绿洲"。宁夏平原区的生态系统具有 4 个方面的主要特点：

（1）环境条件复杂,生态类型多样。宁夏平原引黄灌区处于中温带内陆过渡地带的特殊地理位置,区域内部自然和人类活动影响的相互交织构成了其复杂多样的环境条件,形成了包括草原、森林、荒漠、水域、农田、城市等类型丰富的生态系统。

（2）主要环境因素组合不够协调。光热多而水分少,多数自然生态系统结构单一,外部输入少,系统整体功能偏低。

（3）环境容量较小,生态平衡脆弱。干旱半干旱区是我国北方地区的环境脆弱带,是对气候变化反应最敏感,环境变化频率高、幅度大,多灾易灾的地区。水资源贫乏、干旱多风、植被稀疏、水蚀和风蚀作用强烈等自然特点决定了宁夏平原区生态环境容量小、生态系统稳定性差,部分地区几乎没有可供利用的污染负荷能力。

（4）人类活动对生态环境影响作用强烈,部分地区环境退化严重,部分地区改善显著。

宁夏地区土地开发历史悠久,全区自然环境在不同程度上都打下了人类活动影响的烙印,森林生态系统在整个区域生态系统中所占比重日趋缩小,次生性显著。因为稳定的水分投入和长期的人工经营,引黄灌区形成了结构复杂而有序的人工绿洲生态系统。宁夏平原区最主要的生态环境问题是土壤盐渍化,主要分布在银北平原灌溉农田区域及周边荒地,共有 361.8 万亩,约占引黄灌区耕地总面积的 48.9%,其中轻度盐渍化耕地 164.2 万亩,中度盐渍化耕地 115.6 万亩,重度盐渍化耕地 82 万亩。

4.2　平原引黄灌区概况

平原引黄灌区是宁夏平原区的主体和重要组成部分,是我国历史悠久的大型古老灌区之一。截至 2004 年,灌区共有干渠 15 条,总长 1 127.5 km,其中衬砌长度 143.8 km,占渠道总长的 12.8%,引水能力 884.8 m³/s。具体如表 4.2-1 所示。

宁夏引黄灌区由卫宁灌区、青铜峡河东灌区、青铜峡河西灌区和陶乐灌区等 4 个灌区组成。地理位置上,南界中卫南山台子,东邻鄂尔多斯台地,西倚贺兰山,北至石嘴山。南高北低,南北长 320 km,东西宽 40 km,面积 6 600 km²,海拔在 1 090~1 234 m,包括银川、吴忠、石嘴山 3 个地级市的 11 个县（区）及 15 个国营农林牧场,灌溉农田面积 540 万亩。以青铜峡水库为界,南部为卫宁灌区,北部为青铜峡灌区。

卫宁灌区是中卫、中宁两县独成系统的灌区,在黄河沙坡头水利枢纽和青铜峡水利枢纽之间,为 120 km 的狭长地带,渠河包罗面积 658 km²,黄河在中宁县境内由西向东转向北偏东流入青铜峡,平均比降为 1/1 150,坡陡流急,灌排便利,是农业高产稳产区。中华人民共和国成立后,扩整合并旧渠旧沟,开挖新渠新沟,中卫河北是由黄河引水的太平、新北、旧北、复盛并新开北干渠,变为一首制的渠系;中宁河北则是中华人民共和国成立后新开的跃进渠。中卫河南主要是羚羊角渠、羚羊寿渠及 20 世纪 70 年代新建的南山台子扬水灌区;中宁河南则是七星渠。

表 4.2-1 宁夏平原引黄灌区引水渠系概况

序号	名称	引水能力（m³/s）	干渠长度（km）	设计灌溉面积（万亩）	实际灌溉面积（万亩）
1	西干渠	60	113	33	60
2	唐徕渠	152	145.7	101	120
3	汉延渠	80	86	50	57
4	惠农渠	97	139	70	114
5	大清渠	25	25	10	10.5
6	泰民渠	159	44	6	8.5
7	秦渠	65.5	83	36	40.3
8	汉渠	33.3	40	14	20
9	马莲渠	21	28	7	9.2
10	东干渠	45	54	17	44.6
11	美利渠	47	114	25.4	26
12	跃进渠	28	88	11.2	13.4
13	七星渠	58	121	28.4	24.2
14	羚羊寿渠	12.5	34.2	5.84	11.5
15	羚羊角渠	1.5	12.6	0.84	1.0

青铜峡河东灌区是银川平原的组成部分。在地理位置上，南起牛首山，北抵明长城，东倚鄂尔多斯台地，西临黄河，面积 874 km²。在行政区划上，包括青铜峡市、吴忠市以及灵武市的部分乡镇，还有一些国有农场和地方农场。灌区海拔在 1 110~1 150 m。1960 年青铜峡水利枢纽建成后，提高了供水保证率。灌区内现有秦渠、汉渠、东干渠、马莲渠等 4 条大干渠，有各类水工建筑物 226 座，引水能力 160 m³/s，灌溉面积 89 万亩。

青铜峡河西灌区是银川平原的主体部分，南起青铜峡，北至石嘴山，中经永宁、银川、贺兰、平罗、惠农等 5 个县(市)，面积 4 197 km²。现有唐徕渠、汉延渠、惠农渠、西干渠、大清渠和泰民渠等 6 条干渠，同时在青铜峡归并为河西总干渠。各大干渠总长 576.7 km，引水能力 433 m³/s，实际灌溉面积 368.9 万亩，占引黄灌区总灌溉面积的 64.5%，是宁夏引黄灌区的精华地区之一。

宁夏引黄灌区地势南高北低、西高东低，南北平均地面坡度 1/4 500，黄河平均比降 1/3 850，地面坡度缓于河床坡度，为灌区自流排水创造了良好的条件。此外，引黄灌区大部分地区属于稻旱轮作的耕作方式，气候干旱、蒸发强烈，地下水含盐量较高，故局部地区土壤盐碱化严重，冲洗改良也是其主要的水利措施之一，因此经常性的田间排水必不可少。加之灌区水利设施老化失修严重，干渠长，流量大，又缺乏必要的水量调控手段，渠道退水属于常态，这就决定了宁夏引黄灌区是一个有灌有排的大型灌区。

灌区现有的骨干排水沟道大都于 20 世纪 60 年代基本建成,具体如表 4.2-2 所示。排水骨干渠道总长 671.3 km,排水能力 473.2 m³/s,控制排水面积 4 322 hm²。

表 4.2-2　宁夏平原引黄灌区排水渠系概况

序号	名称	长度（km）	排水能力（m³/s）	排水面积（km²）	开始观测时间（年-月）
1	中卫第一排水沟	36.5	11.5	164	1959-04
2	南河子	35	40	117	1962-02
3	北河子	18	15	46.4	1962-02
4	金南干沟	13.5	16	72	1971-05
5	清水沟	26.5	30	192	1956-05
6	苦水河	33.8	—	119	1954-01
7	灵南干沟	9	8.3	69.4	1969-05
8	东排水沟	30.8	12.6	91.4	1956-05
9	西排水沟	21	8	61.4	1956-05
10	中沟	20.9	10	79.6	1956-04
11	反帝沟	17.2	15	60	1972-05
12	中滩沟	24.5	10	62.8	—
13	胜利沟	7.8	5	25.6	1978-06
14	中干沟	24.5	11	55.6	—
15	永清沟	22.5	18.5	52.8	1969-05
16	永二干沟	26.2	15.5	124	1971-05
17	银新沟	33.8	45	126	1974-05
18	第一排水沟	26.4	35	206	1956-03
19	第二排水沟	32.5	25	287	1956-04
20	第三排水沟	80	31	974	1956-04
21	第四排水沟	43.7	54.3	744	1957-05
22	第五排水沟	87.2	56.5	592	1958-07

宁夏平原引黄灌区降水稀少,当地水资源贫乏,经济社会和生态环境用水主要依赖于过境的黄河水,可以说是"唯黄河而存在、唯黄河而发展"。进入 21 世纪,西北地区持续干旱,黄河来水偏枯。按照"八七"分水方案确定的分水量及"丰增枯减"的统一调度原则,宁夏平原引黄灌区的耗用黄河水量受到了分水指标的限制,引水流量受下河沿断面及石嘴山断面这两个省际断面的限制。随着社会经济的发展,区域内对黄河水资源的需求量日益增加,而引黄指标限制了宁夏对黄河水量的无节制使用,造成了工业用水挤占农业

用水,农业用水挤占生态用水的紧张局面。尽管水资源严重短缺,但宁夏平原灌区的水资源利用效率却很低,单方水的经济效益十分低下。

宁夏平原引黄灌区是在干旱荒漠草原上建立起来的灌溉农业区,因为特殊的自然地理条件,其农业用水兼有灌溉、洗盐压碱和生态维护等三重效能,亩均用水定额较黄河流域其他地区高,同时渠系水利用系数、工业万元增加值取水量和城市生活用水节水器具普及率都较全国平均水平低。区域水资源的供给和耗用的现实情况使得实现水资源的高效利用,建设经济、社会、生态相协调的和谐社会是一项重大而紧迫的任务,也是实施 ET 管理的出发点和归宿点。

4.3　平原灌区水循环特点

水循环过程是研究一切涉水问题的基础,也是水资源能够生生不息的原动力。水资源要想实现高效利用,需要人工活动进行参与,且资源利用越高效,这种参与方式越频繁,参与力度也越强烈,而这种人工干预会在不同程度上直接或间接地改变着原有的天然水循环过程,即通过各种措施改变水资源开发利用的模式以进行区域水循环调控,使水循环演变规律与作用机制发生极大改变,这些水循环通量和循环路径上的改变极大地影响了水资源的使用效率和效益,因此实现对这种新生的、与自然水循环相伴随的社会水循环机制的科学认识是实施 ET 管理以达到高效利用水资源目的的根本前提。

4.3.1　人类活动对水循环系统的影响

文明的进步、经济的增长和社会的发展必然要求人类对原始天然水循环过程进行干预,为了达到不同的目的和满足不同的需要,人类通过各种形式的活动对自然水循环系统进行干预和控制,或直接创造新的水循环路径,或通过改变水循环介质类要素影响水循环过程,或者通过改变大气中温室气体的组分来直接或间接地影响水循环的动力条件。

4.3.1.1　通过取用水形成新的水循环路径

为满足工业、农业、生活或者生态等需要,人类通过一些水利工程把水输送到社会经济系统和人工生态系统加以利用,导致地表径流和地下径流的运动方向发生很大变化。如水库和大量人工河流的兴建增加了地表水体的面积,同时引导水分脱离天然河道向耕作土壤灌溉。含水层的开采使本来需要长距离、长时间才能到达排泄区的地下水提前到达地表,最终小部分回到天然地表水体,大部分通过土壤蒸发消耗掉或转变为生物体和人造产品。这些分离的水分在输运过程中往往形成新的水循环分支,即人工侧支水循环系统,其水循环过程包括取水—输水—用水—耗水—排水 5 个环节,具体如图 4.3-1 所示。

(1)取水系统根据国民经济需水结构和需水量的要求,通过修建各种蓄、引、提等水利工程,从地表水和地下水中提取水量,并经过输水系统在时间上和空间上进行重新分配;这一过程将极大地改变区域内天然状态下原有的地表、地下水体蓄存量,区域的水面和陆面蒸发经受干扰以及由于水量下渗的时空变化而导致地表—地下水转化特征在水平和垂直两个方向上发生改变,流域土壤水含量及其分布发生变化,从而影响后期降雨径流过程中的“四水”转化规律。

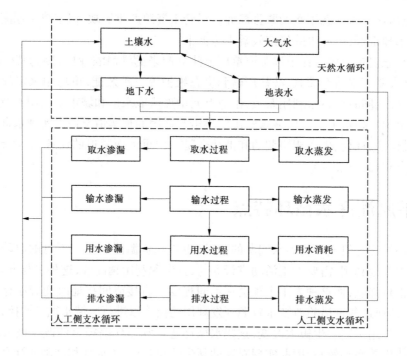

图 4.3-1　人工取用水对天然水循环的影响

（2）用水系统的不断扩大和强化，不仅使水资源消耗量逐渐增大，促使取水系统不断加大取水量，也由于用水系统管理不善和效率低下，致使用水过程中的无效蒸发加大。这将使得原有的大气水与地表水、土壤水及地下水之间的水量交换过程发生改变。

（3）排水系统主要将社会经济用水在耗用过程之后产生的废污水退回到天然受纳水体。社会经济用水产生的废污水除一部分经处理后回用外，其他作为退水又汇集到天然水体，退水系统的运作与取水系统、输水系统及用水系统的运作共同构成一个完整的过程，实现社会经济生产侧支用水过程对引用的水资源进行时空调配。这一不断进行的动态过程对天然"四水"转化过程一直发生着作用，而天然"四水"转化过程的变化同样影响着这一侧支用水过程，使社会经济用水需求受到限制。

（4）另外，还有一些人工用水过程并不以大量消耗水分为目的，仅仅对天然水循环的产汇流过程发生影响。如为了防洪、发电、航运等，修建一些水库、闸门、蓄滞洪区等对流量和水位过程进行调节控制。

4.3.1.2　改造下垫面来影响水循环过程

水循环的陆面过程主要包括降水入渗、蒸腾蒸发、壤中流和地表径流。人类对土地的利用直接改变陆地表面的覆盖率、植物分布方式和土壤质地，而这些恰恰是水循环陆面过程的控制性因素。大量的研究表明，不合理的土地开垦很容易造成水土流失，使土壤保墒能力下降而破坏原有的水循环状态。强烈的人类活动将改变流域的下垫面条件，从而改变流域的产汇流规律，进而影响当地的地表、地下水资源量及其时空分布。这些人类活动包括小流域治理的各种水土保持措施以及大规模的农业开发，如发展灌溉面积、大规模的城市化使低渗透、高产流的土地迅速扩张等。显然，土地利用模式的变化可以深刻地影响区域性的入渗、产流与汇流过程。

4.3.1.3　通过温室效应来影响水循环过程

　　全球气候系统指的是一个由大气圈、水圈、冰雪圈、岩石圈(陆面)和生物圈组成的高度复杂的系统,这些部分之间存在着显著的相互作用。在这个系统自身动力学和外部强迫的作用(如火山爆发、太阳变化、人类活动引起的大气成分的变化和土地利用方式的变化)下,气候系统不断地随时间演变(渐变与突变),而且具有不同时空尺度的气候变化与变率(月、季节、年际、年代际、百年尺度等气候变率与振荡)。气候系统变化的原因有多种,概括起来可分成自然的气候波动与人类活动的影响两大类,其中人类燃烧化石燃料以及毁林开荒引起的大气中温室气体浓度的增加、硫化物气溶胶浓度的变化、陆面覆盖和土地利用的变化等可能是引起全球气候变化的最主要因素。20 世纪 80 年代以来,全球气温明显上升,导致全球降水量重新分配,冰川和冻土消融,海平面上升,不仅危害自然生态系统的平衡,还威胁人类的食物供应和居住环境。2007 年联合国政府间气候变化问题专门委员会(IPCC)发布报告认为,全世界大部分海洋和五大洲的自然生态体系都显现出了气候变化所造成的影响,全球变暖将使地球上数十亿人口面临水和食物短缺,洪涝、干旱、台风等自然灾害发生的频率也将增加。气候变化关系到环境变化、经济可持续发展和国与国之间的关系等,越来越引起国际社会的广泛关注。气候变化对水利行业也带来了一系列的不利影响,其所导致的气温上升、降水减少、高温热浪、强台风、强降水、持续干旱等极端事件发生频率的增加,将对防汛抗旱、用水安全、水生态环境带来重要的影响,海平面上升也将给沿海城市防洪(潮)安全、河口治理开发和沿海地区的经济发展等产生重大的直接影响。

4.3.1.4　影响水循环过程的其他形式

　　影响水循环过程的其他形式主要包括农药和化肥的大量施用、工业及城镇生活用水的废污水排放等导致的水体污染加剧了水资源短缺的矛盾,湖泊围垦导致湖面面积缩小和防洪抗旱能力的削弱,超采地下水造成地下水位下降和海水入侵等。

4.3.2　平原灌区"人工—天然"二元复合水循环系统

　　人类对水循环的干扰,打破了原有天然水循环系统的运动规律和平衡,原有的水循环系统由单一的受自然主导的循环过程转变成受自然和人工共同影响、共同作用的新的水循环系统,这种水循环系统称为"人工—天然"二元复合水循环系统,即由原先的以"四水"转化为基本特征的天然水循环变为人工和天然复合作用下的水循环系统,具体如图 4.3-2 所示。

　　平原引黄灌区是宁夏经济社会发展的精华地带,具有城市集中、工业发达、农业生产能力高等特点,因此该地区受人类活动干预十分强烈,对区域水循环的影响也最为突出。由于大规模的、长时期的水资源开发利用,平原区已成为人类干预再造地表水、土壤水和地下水的综合试验场。为了达到不同的目的和满足不同的需要,人类创造了各种各样的人工水循环系统,直接改变了地表径流和地下径流的循环路径;对土地的利用方式直接改变了陆地表面的覆盖率、植物分布方式和土壤质地,而这些恰恰是水循环陆面过程的控制性因素。无论人类活动如何对天然水循环进行干预,在其循环过程中总有部分环节或是

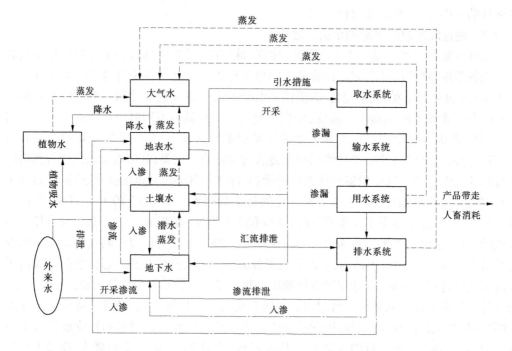

图 4.3-2　平原灌区"人工—天然"二元复合水循环系统结构

局部区域仍然保持着天然水循环自身的特性,如蒸发、入渗等。因此,平原灌区的水循环系统实际上是一个典型的由人工与天然共同作用的"人工—天然"二元复合水循环系统。

4.3.2.1　平原灌区二元复合水循环系统的特点

(1)平原地区是受人类活动干扰最强烈的地区,是典型的"人工—天然"复合水循环系统。自然水循环过程处于相对次要地位,人工水循环系统主要包括受人类直接控制的系统(农业灌排系统、工业水循环系统、生活水循环系统、生态水循环系统)和受人类间接控制的系统(改变地表覆盖物、改变坡度、改变土壤岩性性状、改造沟道和河道系统)。

(2)人工控制导致灌区地表水具有不同于天然径流的特征。地表水系统是流域水文学的主要研究对象,地表水系统的自然发育特征是通过支流汇集水分到干流,以湖泊或海洋为排泄终点。但在受扰频繁的平原区域,地表水具有不同于天然产汇流和天然径流的特征,尤其是在农业灌区,经人工改造以后,地表水经主干渠道进入分支渠道,以农田为排泄区,形成逆汇流过程,而一部分地表水经过转化后通过分支排沟汇集到主干排沟后进入河道,最后重新进入自然循环过程。

(3)平原地区一般农业发达,在平原区循环过程中,由于人类活动的干扰,人工灌溉—蒸散过程成为最重要的水文过程,与此同时,受人类经济活动的影响,工业、生活、生态等人工水循环系统在整个水循环机制中也处于不能忽视的地位。

4.3.2.2　不同人类活动干扰下的平原灌区二元复合水循环系统

不同的人类活动对水循环系统结构的改变是不一样的,为进一步深入研究平原地区水循环结构,把握其水循环转化演变规律,可根据平原区水循环系统特点,在供用耗排复合水循环系统中研究农业灌排复合水循环系统、工业复合水循环系统、生活复合水循环系统、生态复合水循环系统。

1.农业灌排复合水循环系统

在农业灌排复合水循环系统中,人类活动的干扰主要表现为农田耕作、引水渠道和排水渠道的开挖,以及用于开采地下水的打井活动。从农田水分循环的转化角度来说,为了使土壤保持适宜的含水量,当土壤水分不足时就要进行灌溉,将地表水或地下水转化为土壤水,以弥补降水量与农作物需水量之间的差额;而排水则是排除过剩的土壤水分,使地下水、土壤水转化为地表水。这种人工灌溉和排水的方式改变了原有的天然水循环系统,取而代之的是人工与天然共同作用下的复合水循环系统。首先,水从河道引出以各级渠道为载体分布于农田田面上,由原来在河道中的汇流过程变成分散过程;若是打井抽水,则改变了地下水的径流分布过程,使得自然状态下的地下水径流通过集中抽水而分布在田面上。在农田排水时,灌溉退水由最末一级排水沟向干沟汇流的过程实际上是一个完全人工控制的汇流过程,若各级沟道不存在,则退水仍按照天然状态下的汇流机制进行,正是由于排水沟的存在才人为地创造了原本并不存在的人工汇流过程。但是,无论是灌溉还是降水,水循环系统在田面上所发生的改变仅是各循环通量在数量上的变化或者是产汇流层次和方向上的变化,而水循环的转换却仍然遵循天然水循环的转换机制,就田面降水而言,若无人类干扰因素存在,则水分在田面所在的原有区域按天然水循环过程进行,但是田埂、田面平整、渠道和排水沟道等人类物化活动的存在,改变了降水在田面上的入渗、产流通量和汇流方向。即农田上的水循环过程一方面遵守着原始的天然水循环转换机制,另一方面又在人类活动干扰作用下改变其循环通量数量或产汇流方向,二者相互融合,不可分割,形成独特的"人工—天然"复合水循环系统。

2.工业复合水循环系统

当工业复合水循环中的用水水源主要为地下水时,地下水可通过地下水工程变为地表水。在输送过程中,一部分水量渗漏损失掉,进入土壤和地下水中,其余部分进入工厂或企业。在产品制造过程中,大部分水量转化为"虚拟水"由产品带走,还有一部分水量消耗于蒸发,余者进入排污管道,排污管道同输水管道一样也存在着管道渗漏,渗漏水量进入土壤和补充地下水,其余排水量最终通过排水系统逐级汇流至干沟,然后排入承纳区域。在这种水循环系统中,一方面仍保留着入渗、蒸发等天然水循环系统的特征,但更多的却人工创造了一个水量循环通道,二者相互作用形成工业复合水循环系统。

3.生活复合水循环系统

生活复合水循环主要包括城镇复合生活水循环和农村复合生活水循环。城镇中的居工地和道路大都属于不透水区域,不透水区域上的地表水与土壤水和地下水之间的相互转化途径被完全隔离开来,降落在不透水区域上的降水,除消耗于大气蒸发外,余者皆形成地表径流,少部分补充城镇绿地,而大部分先直接进入排水管网,后逐级进入排水干沟直至承纳水体。

农村生活用水与城镇生活用水类似,也取自地下水。但其取水并不是集中供水,而是分散打井。一般认为,农村人畜用水量全部消耗掉,无水量回归河道及补给地下水,耗水量就等于取用水量,同时另有少量废水排泄于庭院、农田或荒地,直接消耗于蒸发。

4.生态复合水循环系统

为保持生态系统稳定,维护绿洲生态平衡,需要对湖泊湿地进行人工补水,这些水量主要来自地表引水渠道和排水沟道。一方面,渠道和沟道引水改变了原水流在河道中的演进方式;另一方面,人工补水造成湖泊面积增大,湖泊周围滩地成为湖泊的一部分,原有滩地上的产汇流关系发生变化,同时人工补给也使得湖泊水循环中地表水与地下水之间的转换关系在量上发生了相应的变化。

林草等人工生态的水循环关系变化主要表现在:除接受天然降水外,不透水区域上产生的地表径流可能作为林草等人工生态的入流水量,参与到人工生态的水循环过程中,使得蒸发量变大,径流量减少。

无论是人工补给湖泊还是林草,在水循环系统产汇流过程改变的同时,水循环通量也发生相应的变化。但是,如降水入渗、蒸发等原属于天然水循环系统中的成分过程仍然遵循天然水循环转换的规律而没有发生改变,即天然水循环系统和人工水循环系统相互融合,形成生态复合水循环系统。

4.4 平原灌区二元复合水循环模型

水循环模型建立的目的主要是分析不同水资源开发利用情况下区域的水资源演变效应,确定水文循环过程各分量的时空分布。由于平原灌区内的人类活动的主导性,要求建模时重点刻画人工干扰条件下区域"四水"的循环转化关系、引排耗水量变化、不同土地利用类型间的水量转化关系、经济生态系统与天然生态系统之间的水量交换关系、人工水体和天然水体之间的水量交换、地下水位埋深状况,尤其是对于以径流耗散为主的平原灌区,天然水循环过程被完全改变,取而代之的是天然与人工共同作用的复合水循环系统,各项水循环要素包括人工取用水过程、水量分配过程、降水、植被截留、填洼、土壤下渗、区域蒸散发、产汇流等都直接或间接地影响区域水资源的利用情况。因此,需要根据所研究区域的具体情况,进行计算单元和计算时段的划分,对这一复杂的水循环过程进行精细模拟和定量描述。

4.4.1 平原灌区水循环模拟

4.4.1.1 计算单元划分

宁夏平原引黄灌区内的下垫面因素(地形、土壤类型、植被覆盖)和气象因素的空间非均匀性非常明显,为了反映这些因素的影响以及人类活动对区域水循环过程的干扰,本书构建的水循环模型将宁夏平原引黄灌区划分为若干子区域以实现对空间分异性的描述。宁夏平原引黄灌区水循环计算单元划分为四层:第一层为研究区相应的水资源配置单元;在此基础上,以引水干渠和排水干沟覆盖的灌溉区域作为第二层划分标准;然后将土地利用方式(如引水渠道、农田、林、草、灌木、未利用地、居工地、湖泊湿地、排水渠道等)作为第三层划分标准,剖分每一个灌域;第四层是以农作物种植种类(包括小麦、水稻、玉米单种、玉米套种、豆类油料、瓜菜、枸杞、经果林、草等)作为划分标准,将农田区域进行细化,得到水循环计算单元。每个计算单元都明确地对应了所在行政区、引水干渠灌溉区域、排水干沟排水区域、土地利用方式和作物种植结构,若采用此种水循环计算单元剖分形式,可得到 7 630 个水循环计算单元,如图 4.4-1 所示。

图 4.4-1　宁夏平原引黄灌区水循环计算单元划分

4.4.1.2　计算时段选取

灌区的水循环过程在空间上表现出的是异质性,在时间上表现出的是连续的、不均匀的、非线性的变化。考虑到水循环过程的时间连续性和计算机模拟能力的约束之间的矛盾,本节所构建的模型将时间划分为一定长度的时段,并假定在每一个时间段内,水循环过程的变化是均匀的。对于以蒸散消耗为主的平原引黄灌区而言,与农作物生长关系密切的蒸散量以及为其提供水分来源的土壤水的计算是水循环模拟的基础,本节选取日为计算时段来进行宁夏平原引黄灌区水循环计算。

4.4.1.3　模型结构

平原区水循环模型是研究人工干扰频繁的径流耗散区的水循环过程。模型以水量平衡为基础,以人工灌溉区域和排水区域包含的类似子流域的区域作为计算单元划分的基础,分别计算水域、植被、裸地、农田、不透水域等不同土地利用状况下的蒸散发量。模型在任一个计算单元上沿垂直方向分为植被冠层、地表储流层、土壤浅层、土壤深层、潜水含水层、承压含水层。模型的地表水系统模拟包括引水系统模拟、排水系统模拟、湖泊湿地模拟,以及生活工业用水系统模拟。引水系统在供给人工系统用水需求的同时,还补给区域地下水,引水灌溉多余的水量直接退入到排水系统。降水和灌溉水进入田间后,一部分水分从地表渗入土壤,另一部分以地面径流形式经排水沟流出田间。渗入田间土壤的水分,一部分水分储存在土壤层供作物消耗使用,另一部分则流入地下水,产生深层渗漏。引水过程渗漏、田间灌溉水量渗漏和降水等补给地下水,维持区域天然林地、草地和天然湖泊湿地等天然系统,如果地下水水位不断升高,在某一区域会形成地表水,从而在排水沟或湖泊中进行排泄。土壤水系统概化为土壤浅层和土壤深层,降水和灌水后,由于植物蒸腾和土壤蒸发消耗土壤水,引起土壤水分再分布。地下水系统分为潜水含水层和承压含水层,两层地下水之间发生渗漏补给和越流补给,潜水含水层一方面可能通过深层土壤得到渗漏补给,另一方面向土壤水系统输送水分以调节墒情。随着潜水位的上下波动,潜水层和土壤深层的厚度将发生相应的变化。

4.4.1.4　水循环过程各要素的模拟

1.蒸发蒸腾模拟

蒸发蒸腾模拟是区域水循环模拟的重要环节。蒸发蒸腾的影响因素主要有气象、土壤含水量、植被生理特性以及土壤和潜水埋深等。考虑区内土地利用的异质性,每个分区单元的蒸发蒸腾可能包括植被蒸腾、植物截留蒸发、土壤蒸发和水域蒸发等多项,水面蒸发、植被截留蒸发、植被蒸腾和裸地蒸发分别采用 Penman 公式、Noilhan-Planton 公式、Penman-Monteith 公式以及修正后的 Penman 公式进行计算;不透水域的蒸发根据降水量、地表(洼地)储留能力和潜在蒸发能力由 Penman 公式进行求解。

1)水面蒸发量计算

水面蒸发量由 Penman 公式计算:

$$E_W = \frac{(R_N - G)\Delta + \rho_a C_p \delta_e / r_a}{\lambda(\Delta + \gamma)} \qquad (4.4\text{-}1)$$

式中: R_N 为净辐射量; G 为入射到水中的辐射量; Δ 为饱和水汽压对温度的导数; δ_e 为实际水汽压与饱和水汽压之差; r_a 为蒸发面上空的空气动力学阻抗; ρ_a 为空气密度; C_p 为空气的定压比热容; λ 为水的汽化潜热, $\lambda = C_P/\lambda$ 。

2)植被截留蒸发量计算

植被截留蒸发量用 Noilhan-Planton 公式计算:

$$E_i = V_{eg}\delta E_p \qquad (4.4\text{-}2)$$

$$\frac{\partial W_r}{\partial t} = V_{eg}P - E_i - R_r \qquad (4.4\text{-}3)$$

$$R_r = \begin{cases} 0 & W_r \leqslant W_{r\max} \\ W_r - W_{\min} & W_r > W_{r\max} \end{cases} \qquad (4.4\text{-}4)$$

$$\delta = (W_r/W_{r\max})^{2/3} \qquad (4.4\text{-}5)$$

$$W_{r\max} = V_{eg}LAI/5 \qquad (4.4\text{-}6)$$

式中: V_{eg} 为区域植被覆盖率; δ 为湿润叶面的面积率; E_p 为由 Penman 公式计算得到的潜在蒸发量; W_r 为植被截留水量; P 为降雨量; R_r 为植被流出水量; $W_{r\max}$ 为植物最大截留量; LAI 为植被的叶面积指数。

3)植被蒸腾量计算

植被蒸腾量由 Penman-Monteith 公式计算:

$$E_t = (1 - \delta) V_{eg} E_{pm} \tag{4.4-7}$$

$$E_{pm} = \frac{(R_N - G) \Delta + \rho_a C_p \delta_e / r_a}{\lambda [\Delta + \gamma(1 + r_c / r_a)]} \tag{4.4-8}$$

式中:R_N 为净辐射量;G 为传入植物体内的热通量;r_c 为植物群落阻抗,主要是用来考虑光合作用、大气湿度、土壤水分等蒸腾的制约因素;其他符号的意义同 Penman 公式。

4)裸地土壤蒸发量计算

裸地土壤蒸发量由修正后的 Penman 公式计算:

$$E_s = \frac{(R_N - G) \Delta + \rho_a C_p \delta_e / r_a}{\lambda (\Delta + \gamma / \beta)} \tag{4.4-9}$$

$$\beta = \begin{cases} 0 & \theta \leqslant \theta_m \\ \frac{1}{4} \{1 - \cos[\pi(\theta - \theta_m) / (\theta_{fc} - \theta_m)]\}^2 & \theta_m < \theta < \theta_{fc} \\ 1 & \theta \geqslant \theta_{fc} \end{cases} \tag{4.4-10}$$

式中:β 为土壤湿润函数或蒸发效率;θ 为土壤浅层的体积含水率;θ_{fc} 为土壤浅层的田间持水量;θ_m 为单分子吸力对应的土壤体积含水率。

5)不透水区域蒸发量计算

建筑物、混凝土路面等不透水区域的蒸发量的计算公式为:

$$E_u = c E_{u1} + (1 - c) E_{u2} \tag{4.4-11}$$

式中:E_u 为不透水区域的蒸发量;c 为都市建筑物的不透水区域所占面积百分比;下标 1 表示都市建筑物,下标 2 表示都市地表面。

都市建筑物和都市地表面的蒸发量计算公式为:

$$\frac{\partial H_{ui}}{\partial t} = P - E_{ui} - R_{ui} \tag{4.4-12}$$

$$E_{ui} = \begin{cases} E_{ui\max} & P + H_{ui} \geqslant E_{ui\max} \\ P + H_{ui} & P + H_{ui} < E_{ui\max} \end{cases} \tag{4.4-13}$$

$$R_{ui} = \begin{cases} 0 & H_{ui} \leqslant E_{ui\max} \\ H_{ui} - H_{ui\max} & H_{ui} > E_{ui\max} \end{cases} \tag{4.4-14}$$

式中:i 的取值为 1 或 2;P 为降雨量;H_u 为洼地储蓄量;R_u 为地表径流量;$H_{u\max}$ 为洼地最大储蓄水深;$E_{u\max}$ 为潜在蒸发量。

2.引水系统模拟

本节将引水渠系概括为引水干渠和支渠渠系两部分。

引水干渠水平衡方程为:

$$Q_{K+1} = Q_K + P - E_W - Q_S - Q_C - Q_L - Q_P \tag{4.4-15}$$

式中:Q_K 为进入该渠段的干渠水量;Q_{K+1} 为进入下一个渠段的干渠水量;E_W 为水面蒸发量;P 为引水干渠上降水量;Q_S 为渠段渗漏量;Q_C 为进入支渠渠系的配水量;Q_L 为补给湖泊的水量;Q_P 为直接退入到排水沟中的水量。

支渠渠系水平衡方程为：

$$Q_C = E_W + Q_{ZS} + Q_A + Q_{ZP} - P \tag{4.4-16}$$

式中：Q_C 为进入支渠渠系的水量；E_W 为支渠渠系水面蒸发量；P 为支渠渠系降水量；Q_{ZS} 为进入支渠退水渠的水量；Q_A 为进入用户的水量；Q_{ZP} 为支渠渠系渠段渗漏量。

渠道输水渗漏损失与渠床土壤性质、地下水埋深、出流条件、输水时间等因素有关。模型渠道渗漏采用 Kostiakov 公式计算，并考虑在地下水水位较高的地方，渠道输水渗漏常受到地下水壅阻的影响，在经验公式中引入修正系数，考虑地下水顶托和渠道衬砌对渠道输水渗漏损失的影响。渗漏量与进入渠系的流量的幂函数呈线性关系：

$$q = K \cdot Q_n^m \tag{4.4-17}$$

式中：q 为单位长度的输水渗漏损失，$\text{m}^3/(\text{d} \cdot \text{km})$；$Q_n$ 为渠道净流量，m^3；m 为渠床土壤透水指数；K 为渠床土壤透水系数，考虑地下水顶托和渠道衬砌对渠道输水渗漏损失的影响。

3.湖泊湿地模拟

由于灌溉退水和地下水及其他外来水源补给，在平原区分布着大量的湖泊湿地，其消耗项主要为蒸发和渗漏。

湖泊湿地的水量平衡关系为：

$$\Delta Q = P + Q_F + Q_R + Q_T + Q_U - E_W \tag{4.4-18}$$

式中：ΔQ 为湖泊蓄变量；E_W 为水面蒸发量；P 为降水量；Q_F 为周边洪水补给量；Q_R 为人工直接补给湖泊水量；Q_T 为灌溉退水补给湖泊水量；Q_U 为地下水与湖泊的补排关系，当地下水水位高于湖水位时，地下水向湖泊补给，反之，湖泊向地下水渗漏，如图 4.4-2 所示。

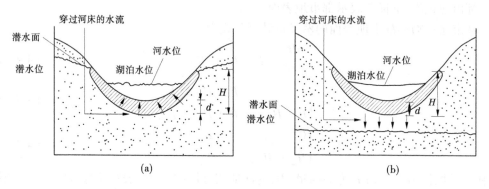

图 4.4-2　地下水与湖泊湿地水量交换关系

湖泊水深决定着地下水与湖泊的补排量和补排关系，模型认为湖泊水深与湖泊蓄水量呈幂指数关系。概化区域湖泊水量与湖泊水深的关系如下：

$$d = H \cdot \left(\frac{Q}{Q_F} \right)^{\alpha} \tag{4.4-19}$$

式中：d 为湖泊水深；H 为湖泊的总深度；Q 为湖泊水量；Q_F 为湖泊的最大蓄水能力；α 为幂指数。

根据地下水排水的经验公式，可以计算湖泊与地下水的交换量：

$$Q_U = T \cdot (H_g - H + d) \tag{4.4-20}$$

式中:T 为排水系数;H 为湖泊的总深度;H_g 为计算单元内的地下水埋深;d 为湖泊水深。

4.排水系统模拟

在平原区,排水系统也是和引水系统一样形成复杂的结构网络,包括田间排水沟、斗沟、支沟和干沟等。不过,两者在径流特点上存在一些差别,渠系存在渗漏问题,从主干渠道到分支渠道径流量逐步减少,而排水系统接受地下水的排泄,从分支排沟到主干排沟径流量逐步增大。排水系统水量平衡关系为:

$$Q_{P+1} = Q_P + P + Q_{ZP} + Q_{PH} + Q_P + Q_{TP} - E_W \tag{4.4-21}$$

式中:Q_P 为进入该沟段的干沟水量;Q_{P+1} 为进入下一沟段的干沟水量;Q_{ZP} 为支沟汇入水量;E_W 为水面蒸发量;P 为排水干沟上降水量;Q_{PH} 为地下水溢出补给排水沟量(当地下水位高于排水沟水位时为正值,否则,为负值);Q_P 为引水渠道直接退入水量;Q_{TP} 为田间地表排水汇入量。

地下水排水是排水沟重要组成部分,对于排水系统,地下水的排水量直接与排水系统的径流深度有关,模型根据明渠均匀流的谢才公式,推演出排水沟水深与排水沟流量的幂指数呈线性关系。对于每一个排水域,排水沟系的径流关系如下:

$$d = \beta Q^v \tag{4.4-22}$$

式中:d 为径流深度;Q 为净流量;β 为径流系数;v 为径流指数。

根据地下水排水的经验公式,可以计算排水域内地下水的排泄流量:

$$Q_{PH} = T(H_g - D + d) \tag{4.4-23}$$

式中:T 为计算单元内地下水向排水沟的排水系数;D 为计算单元内排水沟的底部深度;H_g 为计算单元内的地下水埋深;d 为径流深度。

5.土壤水系统模拟

土壤水系统是地面以下水分运动最频繁的区域,控制着地表水和地下水的交换,通过非饱和渗流区的再分配,降水和灌溉水量在这个区域被分为入渗量、地表径流、地下水补给量和蒸发蒸腾量。

在地下水浅埋带,由于土壤水分的强烈蒸发和蒸腾,土壤含水率迅速降低,在水势驱动下,地下水通过毛细作用上升补给土壤水,可以起到缓解土壤墒情的作用。因此,土壤水系统作为联系地表水和地下水的关键所在,在整个水循环系统中的地位非常重要。土壤水系统上边界接受降雨、灌溉、蒸发,下边界为变动的潜水面。为计算灌溉田面排水和地表径流,模型在土壤层上考虑了地表储流层,将土壤分为 2 层,采用 Richards 方程进行计算。

1)地表储流层

$$H_S = H_{S0} + P + I - R - E_S - F_S \tag{4.4-24}$$

$$R = \begin{cases} 0 & H_S \leq H_{SMax} \\ H_S - H_{SMax} & H_S > H_{SMax} \end{cases} \tag{4.4-25}$$

式中:H_S 为地表蓄水量,mm;H_{S0} 为初始地表蓄水量,mm;P 为降雨量,mm;I 为灌溉量,mm;R 为田面排水和地表径流量,mm;E_S 为蒸发量,mm;H_{SMax} 为地表储流层厚度,mm;F_S 为入渗到土壤表层的水量,mm。

土壤水入渗补给采用 Horton 公式计算,其形式为:

$$f = f_c + (f_0 - f_c) e^{-kt} \tag{4.4-26}$$

式中：f 为 t 时刻的入渗率；f_c 为稳定下渗率，由土壤下渗曲线得到；k 为与土壤特性有关的参数；f_0 为灌溉或降雨初始时的下渗率。

2）土壤浅层

$$\theta_U \cdot H_U = W_{U0} + F_S - E_U - F_U \tag{4.4-27}$$

式中：θ_U 为土壤浅层含水率；H_U 为土壤浅层厚度；W_{U0} 为土壤浅层初始蓄水量，mm；E_U 为浅层土壤蒸发和植被蒸散量，mm；F_U 为土壤水势梯度差异引起的土壤浅层和土壤深层的水分交换量，mm。

F_U 采用下面公式计算：

$$F_U = K_{U,L} \cdot \left[\frac{2(S_L - S_U)}{H_L + H_U} + 1 \right] \tag{4.4-28}$$

式中：S_U 为土壤表层的土壤水吸力；S_L 为土壤深层的土壤水吸力；$K_{U,L}$ 为两层土壤之间的调和平均非饱和渗透系数。

$K_{U,L}$ 按以下公式计算：

$$K_{U,L} = \frac{2K_U \cdot K_L}{K_U + K_L} \tag{4.4-29}$$

式中：K_U 和 K_L 分别为对应于浅层和深层土壤水含水率的非饱和渗透系数，可以通过土壤水分—吸力曲线和水分—导水率曲线经验公式得到。

3）土壤深层

$$\theta_L \cdot H_L = W_{L0} + F_U - E_L - F_L \tag{4.4-30}$$

式中：θ_L 为土壤深层含水率；H_L 为土壤深层厚度，随着潜水位变化；W_{L0} 为初始深层土壤蓄水量，mm；E_L 为植被蒸散量，mm；F_L 为土壤水势梯度差异引起的土壤水与潜水之间水分交换量，mm。

F_L 采用下面公式计算：

$$F_L = K_L \cdot \left(1 - \frac{2S_L}{H_L} \right) \tag{4.4-31}$$

模型中非饱和土壤的水力参数采用 Clapp & Hornberger 模型描述：

$$\left. \begin{array}{c} \dfrac{\theta - \theta_r}{\eta - \theta_r} = \left(\dfrac{S_b}{S} \right)^{\lambda} \\[3mm] \dfrac{K(\theta)}{K_s} = \left(\dfrac{\theta - \theta_r}{\eta - \theta_r} \right)^{n} \end{array} \right\} \tag{4.4-32}$$

式中：S_b 为与考虑进气值的饱和含水率对应的土壤水吸力；θ_r 为残余含水率；K_s 为土壤饱和渗透系数；η 为土壤孔隙度；λ 和 n 为拟合参数。

6.地下水系统模拟

模型采用均衡法模拟地下水系统，从输入、输出角度研究均衡区水量变化的方法，由潜水面到含水层隔水底板所构成的潜水含水层空间，若其平面分布面积为 F，则潜水均衡方程式为：

$$\left(F_L + f + T - T_D \right) + 1\,000\,\frac{Q_1 - Q_2}{F} = \mu \Delta H \tag{4.4-33}$$

式中：F_L 为土壤水势梯度差异引起的土壤水与潜水之间水分交换量，mm；f 为水库、渠道及湖泊湿地入渗补给潜水量，mm；T 为深层承压水的越流补给，mm；T_D 为潜水开采量；Q_1、Q_2 为均衡区地下水的流入量与流出量，m³；μ 为潜水含水层的给水度；F 为均衡区面积，m²；ΔH 为地下水位变化。

承压水均衡考虑区域承压水开采量和补给量的平衡，则计算公式为：

$$E \Delta t + 1\,000\,\frac{Q_1 - Q_2}{F} \Delta t = s \Delta H \tag{4.4-34}$$

式中：s 为承压含水层的弹性释水系数；其他符号同前。

7.生活与工业用水系统模拟

生活和工业用水系统复杂，模型模拟仅考虑生活和工业耗水，以及生活和工业污水排放量，不考虑引提水和排水过程的输水损失，将生活和工业用水系统的内部变化作为黑箱处理，根据调查统计和规划资料分析生活和工业的耗水率。

生活与工业耗水量：

$$Q_D = \sum_{i=1}^{2} \lambda_i \cdot Q_{oi} \tag{4.4-35}$$

污水排放量：

$$Q_W = \sum_{i=1}^{2} \left(1 - \lambda_i \right) \cdot Q_{oi} \tag{4.4-36}$$

式中：Q_D 表示生活和工业耗水量；Q_W 表示污水排放量；λ 表示耗水率；Q_o 表示生活和工业用水量；i 表示生活和工业（1 为生活，2 为工业）。

4.4.1.5　模型的基本输入参数

根据图 4.4-1 所示的宁夏平原引黄灌区水循环计算单元划分，基于 GIS 平台，以 4.4.1.4 节中所述的模型理论和方法为依据，采用宁夏平原引黄灌区历史引水量、排水量、地下水位、种植结构、水利工程等基本数据，结合相关灌溉试验站的土壤含水量、水面蒸发量等参考数据进行模型率定。本研究使用数据的年限为 1991～2000 年，相关具体数据列举如图 4.4-3～图 4.4-12 所示。

4.4.2　平原引黄灌区 ET 计算结果及其分析

宁夏平原引黄灌区 1991～2000 年期间的年降水量、年引水量、年排水量以及农田、天然林草地、未利用地等各种土地利用类型所产生的年 ET 量、工业和生活年 ET 量，如图 4.4-13～图 4.4-20 所示。

由图 4.4-13～图 4.4-20 可知：

（1）自 1991～2000 年，宁夏平原灌区的年降水量时序出现了 3 次峰值和 3 次谷值，构成了一个完整的循环波动过程，多年平均年降水量为 177 mm。

（2）自 1991～1999 年，宁夏平原灌区的年引水量呈现波动上升趋势，2000 年引水量大幅下降，原因在于 1999 年开始实施的黄河干流水量统一调度措施；同期的年排水量呈现出与引水量的同比变化，说明排水量与引水量之间具有密切的相关性，多引会导致多排。

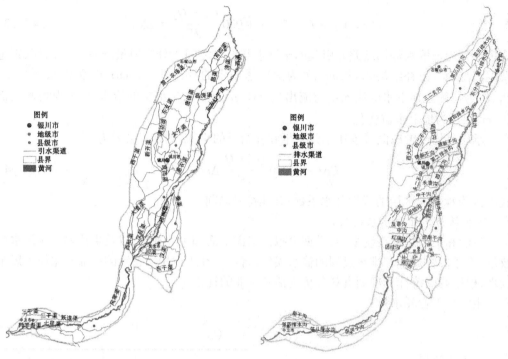

图 4.4-3　宁夏平原灌区引水渠系分布图　　　　图 4.4-4　宁夏平原灌区排水渠系分布图

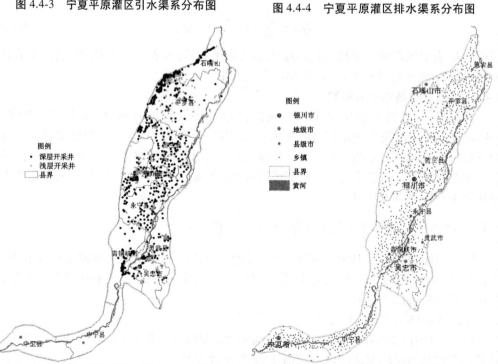

图 4.4-5　宁夏平原灌区地下水开采井分布图　　　图 4.4-6　宁夏平原灌区城镇居民点分布图

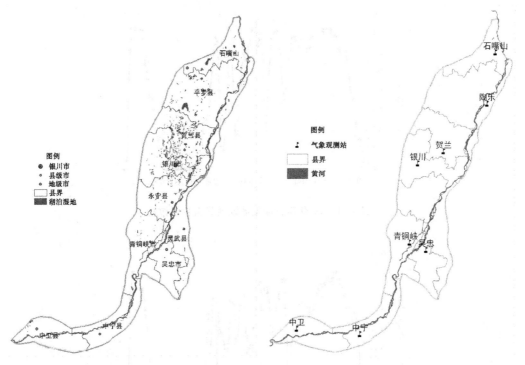

图 4.4-7　宁夏平原灌区湖泊湿地分布图　　　　　图 4.4-8　宁夏平原灌区气象站点分布图

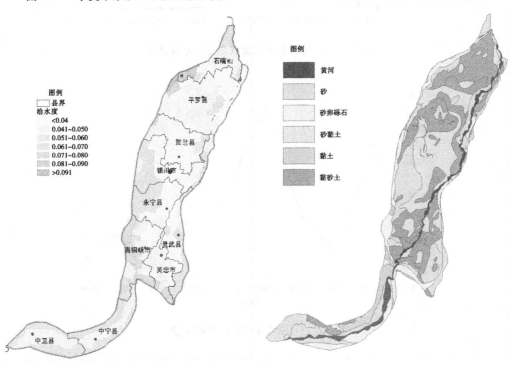

图 4.4-9　宁夏平原灌区地下水给水度分布图　　　　图 4.4-10　宁夏平原灌区土壤类型分布图

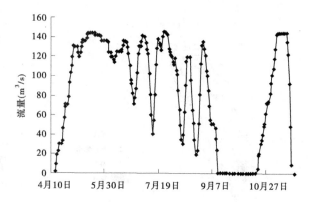

图 4.4-11　2000 年唐徕渠灌溉期日引水量过程

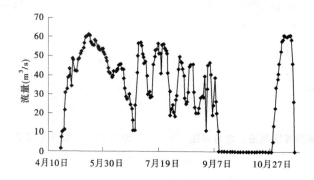

图 4.4-12　2000 年秦渠灌溉期日引水量过程

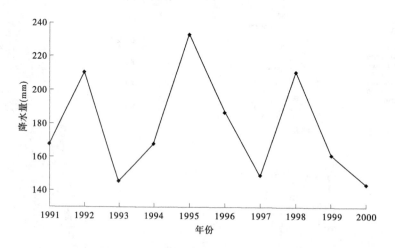

图 4.4-13　宁夏平原灌区年降水量

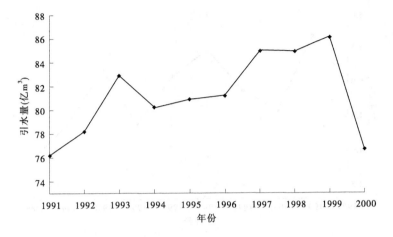

图 4.4-14　宁夏平原灌区年引水量

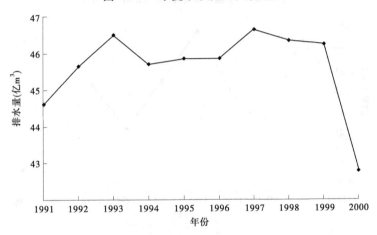

图 4.4-15　宁夏平原灌区年排水量

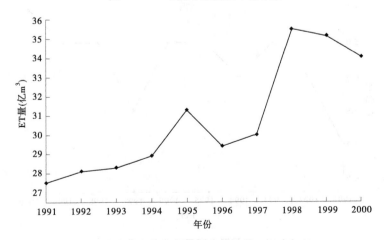

图 4.4-16　宁夏平原灌区农田年 ET 量

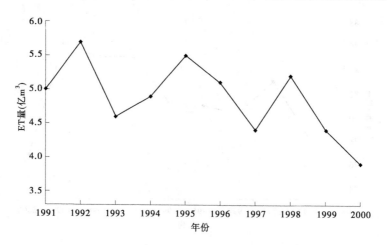

图 4.4-17　宁夏平原灌区林草地年 ET 量

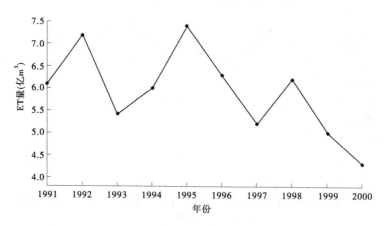

图 4.4-18　宁夏平原灌区未利用地年 ET 量

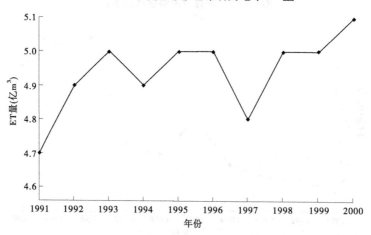

图 4.4-19　宁夏平原灌区工业和生活年 ET 量

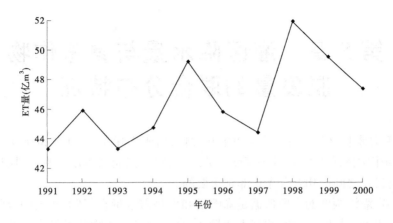

图 4.4-20 宁夏平原灌区综合年 ET 量

(3)宁夏平原灌区农田 ET 量 1991～1998 年呈现波动增加趋势,1998 年之后呈现下降趋势,多年平均 ET 量为 30.8 亿 m³。

(4)宁夏平原灌区林草地 ET 量 1991～1998 年呈现波动减少趋势,多年平均 ET 量为 4.8 亿 m³。

(5)宁夏平原灌区未利用地 ET 量 1991～1998 年呈现波动减少趋势,多年平均 ET 量为 5.9 亿 m³。

(6)宁夏平原灌区工业和生活 ET 量 1991～1998 年呈现稳中有升趋势,多年平均 ET 量为 4.9 亿 m³。

(7)宁夏平原灌区综合 ET 量自 1991～1998 年呈现稳中有升趋势,多年平均 ET 量为 46.5 亿 m³。

4.5 本章小结

宁夏平原位于黄河中上游,地处内陆,降水稀少,蒸发强烈,水资源的开发利用主要依赖于过境的黄河水,引黄灌溉历史悠久,设计灌溉面积 427 万亩,多年平均实际灌溉面积 580 万亩,是黄河水资源耗用大户,且地理地质单元相对封闭和单一,是开展 ET 管理研究的良好区域。

人类活动通过各种措施改变水资源开发利用的模式以进行区域水循环调控,使水循环演变规律与作用机制发生极大改变,这些水循环通量和循环路径上的改变极大地影响了水资源的使用效率和效益。因此,实现对这种新生的、与自然水循环相伴随的社会水循环机制的科学认识是实施 ET 管理以达到高效利用水资源目的的根本前提。本章在探讨与分析平原灌区水循环特点的基础上,提出了平原灌区"人工—天然"二元复合水循环系统结构,构建了宁夏平原灌区综合 ET 计算模型并对该区域 1991～2000 年的分类 ET 进行了计算和分析。结果表明:农田 ET 量占综合 ET 量的比例为 66%,是 ET 调控的主要作用对象。本章所构建的水循环模型和所取得的计算结果为在宁夏平原灌区实施 ET 管理提供了基础和支撑。

第 5 章　灌区降水量与参考作物
腾发量的联合分布特征

　　ET 量和降水量之间存在一定程度的相关性,由于实际农田 ET 量的大小受到作物灌溉面积、种植面积和种植结构等因素变动的综合影响,因而从本质上来说,探讨降水量和参考作物腾发量之间的相互关系是非常重要的。

　　灌区制定灌溉制度的主要依据是降雨量和作物需水量在年际、年内的分配。作为灌区灌溉制度规划、设计、实施时的基本变量,降水量与参考作物腾发量之间的相互关系值得进行深入探讨。降水量和参考作物腾发量都是天气气象系统的因变量,二者具有一定的天然相关性。对降水量进行单变量频率分析的传统方法只能揭示有限的灌区水文特性,要想对复杂的灌区灌溉系统有更加深入和全面的了解,就必须深入探究影响该系统运行的具有一定相关性的这两个随机变量的联合概率分布特性,对其予以全面考虑。

　　基于降水量和参考作物腾发量之间的天然相关性及其在灌区灌溉系统运行中的作用和意义,本章从系统与风险的角度出发,以半干旱灌区——卫宁灌区为例,在利用 FAO-56 Penman-Monteith 公式求得灌区参考作物腾发量的基础上,运用 Copula 函数方法构建二者的联合概率分布函数,分析其联合概率分布特征,给出其不同重现期的等值线,以期为定量评价灌溉系统的干旱风险提供基础依据和科学参考,为进行 ET 管理的不确定性分析提供技术支撑。

5.1　Copula 函数的基本理论

　　对于什么是 Copula,一种观点认为 Copula 是一种连接多维联合分布及其一维边缘分布的函数,另一种观点认为 Copula 是边缘分布为[0,1]均匀分布的多维联合分布函数。

　　Copula 一词在拉丁文中是"连接、系住、结合"的意思。Sklar 于 1959 年首次使用 Copula 一词来命名一种函数,该函数可将多维随机变量的边缘分布连接起来得到其联合分布。

5.1.1　Copula 函数的定义与基本性质

　　设随机变量 $X_1, X_2, \cdots, X_N$ 的边缘分布函数分别为 $F_{X_i}(x)$($1 \leq i \leq N$),则其联合分布函数为:$H_{X_1, X_2, \cdots, X_N}(x_1, x_2, \cdots, x_n) = P(X_1 \leq x_1, X_2 \leq x_2, \cdots, X_N \leq x_n)$,简记为 H。

　　Copula 函数是连接多变量联合分布及其一维边缘分布的函数,多变量联合分布函数 H 可写为 $C(F_{X_1}(x_1), F_{X_2}(x_2), \cdots, F_{X_N}(x_N)) = H_{X_1, X_2, \cdots, X_N}(x_1, x_2, \cdots, x_n)$,其中 C 称为 Copula 函数;C 本质上是边缘分布为 $F_{X_1}(x_1), F_{X_2}(x_2), \cdots, F_{X_N}(x_N)$ 的随机变量 $X_1, X_2, \cdots, X_N$ 的多维联合分布函数。求联合分布函数 H 的问题就转变为确定 Copula 函数 C 的问题。

　　Copula 函数 C 的定义如下(以二维情形为例):

定义 1：一个二维 Copula 是一个函数 $C:[0,1]^2 \to [0,1]$，其满足以下性质：

（1）$\forall u,v \in [0,1]$

$$C(u,0) = 0; \ C(0,v) = 0 \tag{5.1-1}$$

$$C(u,1) = u; \ C(1,v) = v \tag{5.1-2}$$

（2）$\forall u_1, u_2, v_1, v_2 \in [0,1]$，且 $u_1 \leqslant u_2, v_1 \leqslant v_2$

$$C(u_2, v_2) - C(u_2, v_1) - C(u_1, v_2) + C(u_1, v_1) \geqslant 0 \tag{5.1-3}$$

（3）$\forall (u,v) \in [0,1]^2$

$$\max(u + v - 1, 0) \leqslant C(u,v) \leqslant \min(u,v) \tag{5.1-4}$$

定理 1（Sklar 定理）：以二维为例，令 H 为联合分布函数，F 和 G 为其边缘分布，则存在唯一的 Copula 函数 C，使得对于 $\forall x,y \in \overline{R}$，有

$$H(x,y) = C(F(x), G(y)) \tag{5.1-5}$$

若 F 和 G 是连续的，则 C 是唯一的；否则，C 在 $\text{Ran}F \times \text{Ran}G$（Ran 表示值域）上唯一确定。反之，若 C 是一个 Copula 函数，F 和 G 是分布函数，则式（5.1-5）中的 H 是边缘分布为 F 和 G 的一个联合分布函数。

Sklar 定理是 Copula 函数理论和方法的基石。式（5.1-5）是根据 Copula 与两个单变量分布来表示联合分布的，反之，也可用联合分布与其两个边缘分布的"逆"来表示 Copula 函数。

定理 2：设 H、F 和 G 的含义与定理 1 中相同，$F^{(-1)}$ 和 $G^{(-1)}$ 分别为 F 和 G 的逆反函数，则对于 $\forall (u,v) \in \text{Dom}C$

$$C(u,v) = H(F^{(-1)}(u), G^{(-1)}(v)) \tag{5.1-6}$$

定理 3：设 X 和 Y 是分别具有分布函数为 F 和 G 的随机变量，联合分布函数为 H，则存在一个 Copula 函数 C 使得式（5.1-5）成立。若 F 和 G 是连续的，则 C 是唯一的，否则，C 在 $\text{Ran}F \times \text{Ran}G$ 上唯一确定。

定理 3 中的 Copula 函数 C 称为变量 X 和 Y 的 Copula，这表明 Sklar 定理还可以用随机变量及其分布函数来表述。

5.1.2　Archimedean Copula

Archimedean Copula 是一类应用广泛、构造简便的重要 Copula 函数，是概率论中三角不等式发展的一部分。

定理 4：设函数 $\varphi: I \to [0,\infty]$ 是连续的、严格递增的函数，且 $\varphi(1) = 0$，$\varphi^{[-1]}$ 为定义的函数 φ 的伪逆函数。令函数 $C: I^2 \to I$，则

$$C(u,v) = \varphi^{[-1]}(\varphi(u) + \varphi(v)) \tag{5.1-7}$$

C 满足 Copula 函数定义中的边界条件，当且仅当 φ 是凸函数时，由定理 4 所定义的函数 $C: I^2 \to I$ 是一个 Copula。如式（5.1-7）中所示的 Copula 称为 Archimedean Copula，函数 φ 称为 Copula 的生成元。若 $\varphi(0) = \infty$，则称 φ 为严格生成元，此时 $\varphi^{[-1]} = \varphi^{(-1)}$，$C(u,v) = \varphi^{(-1)}(\varphi(u) + \varphi(v))$ 称为严格的 Archimedean Copula。

定理 5：令 C 为生成元，是 φ 的 Archimedean Copula，则有：

（1）C 是对称的，即 $C(u,v) = C(v,u)$，$\forall u,v \in I$；

（2）C 是结合的，即 $C(C(u,v),w) = C(u,C(v,w))$，$\forall u,v \in I$；

（3）若 $c>0$，则 $c\varphi$ 也是 C 的一个生成元。

5.2　Copula 函数描述水文变量之间相关性结构的可行性

5.2.1　水文变量之间的相关性结构

从变量的联合分布可通过分析得到变量的相关性结构。设水文变量 X、Y 的分布函数分别为 $F(x)$ 和 $G(y)$，其联合分布函数为 $H(x,y)$。令 $u = F(x)$，$v = G(y)$，可以求得：

$$x = F^{(-1)}(u)，y = G^{(-1)}(v) \tag{5.2-1}$$

将式（5.2-1）代入 $H(x,y)$，可得

$$C(u,v) = H(F^{(-1)}(u)，G^{(-1)}(v)) \tag{5.2-2}$$

式（5.2-2）中的二元函数 $C(u,v)$ 为变量 X 和 Y 之间的相关性结构。从联合分布 $H(x,y)$ 及边缘分布 $F(x)$ 和 $G(y)$，可以得到变量之间的相关性结构 $C(u,v)$；反之，随机变量的联合分布 $H(x,y)$ 也可由变量的边缘分布 $F(x)$ 和 $G(y)$ 以及相关性结构 $C(u,v)$ 来唯一确定。

$$H(x,y) = C(F(x)，G(y))，\forall x,y \tag{5.2-3}$$

边缘分布和相关性结构可以唯一地确定联合分布，而对于除多元正态分布之外的多元分布，仅仅知道边缘分布和相关性指标是无法唯一确定联合分布函数的，这是相关性指标和相关性结构之间的最大区别。相关性指标是一个单一数值，无法充分反映变量之间的相关性特征，而相关性结构能够敏锐地捕捉到变量之间的所有相关性信息。

5.2.2　水文变量之间相关性结构的 Copula 函数描述

Copula 函数包含了变量之间的相关性信息，由式（5.2-2）可知，两个变量之间的相关性结构可以用一个二元函数来描述，该函数的定义域和值域都是 [0,1]，而 Copula 函数正是这样一种满足该条件的函数。因此，可以采用 Copula 函数来描述水文变量之间的相关性结构、度量变量之间的相关性。常用的表征变量之间相关性的指标主要有 Pearson 相关系数（线性相关系数）ρ、Kendall 秩相关系数 τ 和 Spearman 秩相关系数 ρ_s。

Kendall 秩相关系数 τ 是单调增变换下不变的相关性度量，可由 Copula 函数唯一地表示，二者之间具有如下关系：

$$\tau = 4 \iint_{I^2} C(u,v)\,dudv - 1 \tag{5.2-4}$$

Kendall 秩相关系数 τ 按下式计算：

$$\tau = \frac{1}{C_n^2} \sum_{i<j} \text{sign}[(x_i - x_j)(y_i - y_j)] \tag{5.2-5}$$

其中

$$\text{sign}\left[\,(x_i - x_j)\,(y_i - y_j)\,\right] = \begin{cases} 1 & (x_i - x_j)\,(y_i - y_j) > 0 \\ 0 & (x_i - x_j)\,(y_i - y_j) = 0 \\ -1 & (x_i - x_j)\,(y_i - y_j) < 0 \end{cases} \tag{5.2-6}$$

变量之间相互独立是相关性结构的一种特殊情形,即 X 和 Y 相互独立意味着其联合分布 H 属于所有联合分布集合的一个特殊子集,该子集可用 Copula$\Pi(u,v) = uv$ 来描述;当 X 和 Y 完全正相关时,$C(u,v)$ 达到其上界 $\min(u,v)$;当 X 和 Y 完全负相关时,$C(u,v)$ 达到其下界 $\max(u+v-1,0)$。

因此,可以认为二元随机变量之间的相关性是对应于所有联合分布函数集合的一个子集,而该子集可用某一个特定的 Copula 函数来描述。

5.3　Copula 函数类型的选择

由 5.2 节可知,水文随机变量的联合分布 $H(x,y)$ 可由变量的边缘分布 $F(x)$ 和 $G(y)$ 以及 Copula 函数 $C(F(x),G(y))$ 来唯一确定,而水文单变量极值分布(边缘分布)的确定已比较成熟和完善。我国一般采用 P-Ⅲ 型分布来拟合水文单变量极值分布,所以应用 Copula 方法来构造水文变量之间联合分布模型的问题主要就集中在了 Copula 函数的类型选择和参数估计上。

5.3.1　水文领域中常用的 3 种 Copula 函数

水文领域相关研究中常用的 Copula 函数主要是 Archimedean 族 Copula,主要有以下 3 种:

(1) Clayton Copula。

Clayton Copula 的形式为:

$$C(u,v) = (u^{-\theta} + v^{-\theta} - 1)^{-1/\theta}, \quad \theta \in (0,\infty) \tag{5.3-1}$$

τ 与 θ 的关系为:

$$\tau = \frac{\theta}{\theta + 2}, \quad \theta \in (0,\infty) \tag{5.3-2}$$

式中:τ 为 Kendall 秩相关系数(以下同);θ 为 Copula 函数中的参数(以下同)。

Clayton Copula 又被称为 Cook-Johnson Copula,它仅适用于描述具有正相关性的随机变量。

(2) Frank Copula。

Frank Copula 的形式为:

$$C(u,v) = -\frac{1}{\theta}\ln\left[\,1 + \frac{(e^{-\theta u} - 1)\,(e^{-\theta v} - 1)}{e^{-\theta} - 1}\,\right], \quad \theta \in \mathrm{R} \tag{5.3-3}$$

τ 与 θ 的关系为:

$$\tau = 1 - \frac{4}{\theta}\left[\,-\frac{1}{\theta}\int_{-\theta}^{0}\frac{t}{\exp(t) - 1}\mathrm{d}t - 1\,\right], \quad \theta \in \mathrm{R} \tag{5.3-4}$$

Frank Copula 既能描述具有正相关性的随机变量,又能描述具有负相关性的随机变量,且对相关性程度的高低没有限制。

（3）Gumbel-Hougaard（GH）Copula。

Gumbel-Hougaard Copula 的形式为:

$$C(u,v) = \exp\{ - [(-\ln u)^{\theta} + (-\ln v)^{\theta}]^{1/\theta}\}, \quad \theta \in [1,\infty) \tag{5.3-5}$$

τ 与 θ 的关系为:

$$\tau = 1 - \frac{1}{\theta}, \quad \theta \in [1,\infty) \tag{5.3-6}$$

Gumbel-Hougaard Copula 仅适用于描述具有正相关性的随机变量。

5.3.2　Copula 函数的参数估计与类型选择

Copula 函数中的参数 θ 的估计方法主要有相关性指标法和适线法两种。相关性指标法是通过变量之间的秩次相关性指标 τ 与 Copula 函数的参数 θ 之间的关系来估计 θ 的值;适线法是在诸如离差平方和最小等适线准则指导下,求解与经验点拟合最好的频率曲线的统计参数。有关统计试验研究表明,相关性指标法相对于适线法而言,其估计值更稳定、估计效果更好。因此,本研究采用相关性指标法来估计 Copula 函数中的参数 θ。3 种 Copula 函数中,τ 与 θ 的关系如式(5.3-2)、式(5.3-4)、式(5.3-6)所示。

所选取的 Copula 函数是否合适、能否恰当描述变量之间的相关性结构,需要通过对 Copula 函数进行分布拟合检验来确定,而通过拟合检验的 Copula 函数可根据拟合优度评价指标来进行优选。理论上,传统的用于单变量分布假设检验的方法均可用于 Copula 函数的假设检验,如 χ^2 检验、Kolmogorov-Simirnov 检验等;拟合优度的评价方法主要有 AIC 信息准则法、Genest-Rivest 法、离差平方和法(OLS)等。

本研究采用 Kolmogorov-Simirnov(K-S)检验来对 Copula 函数进行拟合检验,采用离差平方和(OLS)最小准则来对 Copula 函数进行拟合优度评价,其中 K-S 检验的统计量 D 与离差平方和 OLS 的定义如下:

$$D = \max_{1 \leq k \leq n}\left\{ \left| C_k - \frac{m_k}{n} \right|, \left| C_k - \frac{m_k - 1}{n} \right| \right\} \tag{5.3-7}$$

式中:C_k 为联合观测值样本 (x_k, y_k) 的 Copula 值;m_k 为联合观测值样本中满足条件 $x \leq x_k$ 且 $y \leq y_k$ 的联合观测值的个数。

$$OLS = \sqrt{\frac{1}{n}\sum_{i=1}^{n}(P_{ei} - P_i)^2} \tag{5.3-8}$$

式中:P_{ei} 和 P_i 分别为联合分布的经验频率和计算频率,P_{ei} 的计算采用经验公式法来进行。

5.4　参考作物腾发量计算的 Penman-Monteith 方法

1998 年 FAO 推荐的 Penman-Monteith 公式既考虑了作物的生理特征,又考虑了空气动力学参数的变化,其具体形式如下:

$$ET_0 = \frac{0.408\Delta(R_n - G) + \gamma \dfrac{900u_2(e_s - e_a)}{T + 273}}{\Delta + \gamma(1 + 0.34u_2)} \tag{5.4-1}$$

式中:ET_0 为参考作物腾发量,mm/d;Δ 为饱和水汽压—温度曲线上的斜率,kPa/℃;R_n 为植物冠层表面净辐射,MJ/($m^2 \cdot$ d);G 为土壤热通量,MJ/($m^2 \cdot$ d),逐日计算 $G = 0$;γ 为湿度计常数,kPa/℃;u_2 为 2 m 高处的风速,m/s;e_s 和 e_a 分别为饱和水汽压和实际水汽压,kPa;T 为日平均气温,℃。

采用式(5.4-1)计算逐日 ET_0 时所使用的数据包括测站的高程、纬度、风速测量高度、日最高气温、日最低气温、日平均气温、日平均风速、日平均相对湿度和日照时数等。

5.5　卫宁灌区降水量和参考作物腾发量的联合分布模型

卫宁灌区位于宁夏中部,在黄河沙坡头与青铜峡两个水利枢纽之间,属黄河冲积平原自流灌区,沿黄河两岸呈东西向条带状分布,由山前向黄河呈阶梯状倾斜,是由沙坡头区和中宁县构成的独立灌区,总面积 922 km^2,属半干旱气候,具有典型的大陆性季风气候和沙漠气候的特点。

5.5.1　降水量和 ET_0 的数据系列

利用式(5.4-1),基于沙坡头区和中宁县气象站 1959~2003 年的逐日最高气温、最低气温、平均气温、平均相对湿度、平均风速、日照时数和测站高程等基础数据,并以 2005 年沙坡头区和中宁县各自的耕地总面积占灌区总耕地面积的百分比 0.46 和 0.54 为权重,计算得到卫宁灌区年参考作物腾发量系列。卫宁灌区年降水量和年参考作物腾发量系列如图 5.5-1 所示。

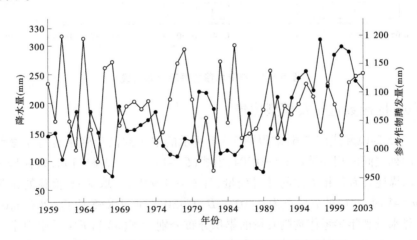

图 5.5-1　卫宁灌区年降水量和年参考作物腾发量系列

5.5.2　水文变量频率分布参数的确定

我国水文分析中一般假定降雨、径流服从 P-Ⅲ型分布,本研究采用优化适线法来推求降水量和参考作物腾发量频率分布曲线的统计参数,其中年降水量的 $\bar{x}$、C_v 和 C_s 的值分别为 197 mm、0.3 和 0.27,年参考作物腾发量的 $\bar{x}$、C_v 和 C_s 的值分别为 1 052 mm、0.06 和 0.67,其拟合曲线如图 5.5-2 和图 5.5-3 所示。由图 5.5-3 可知,采用 P‐Ⅲ 分布来拟合参考作物腾发量的频率分布是合适的。

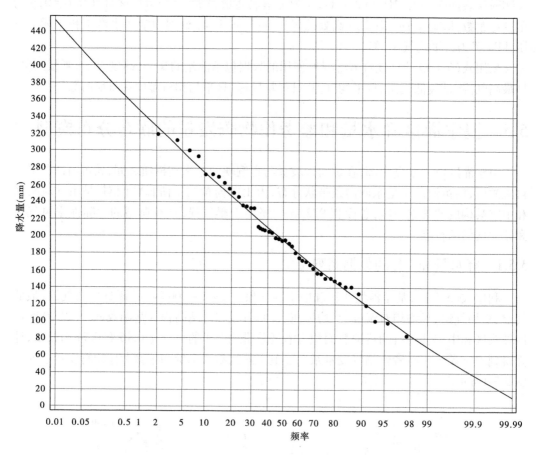

图 5.5-2　年降水量的频率分布曲线

5.5.3　Copula 函数选择及模型构建

按照式(5.2-1)和式(5.2-6)求得图 5.5-1 所示的卫宁灌区年降水量与年参考作物腾发量数据序列之间的相关系数 $\tau = -0.204$;由式(5.3-1)~式(5.3-6)可知,只有 Frank Copula 函数可以描述具有负相关性的随机变量,且 $\theta = -1.901\ 1$。取 K‐S 检验的显著性水平 $\alpha = 0.05$,$n = 45$ 时,对应的分位点为 0.202 7,$D = 0.130\ 4$,通过 K‐S 检验,$OLS = 0.031\ 3$。

设年降水量和年参考作物腾发量的累积分布分别为 $F(u)$ 和 $F(v)$,则卫宁灌区年降水量与年参考作物腾发量之间的二元联合分布模型可表示为:

$$F(u,v) = \frac{1}{1.901\ 1}\ln\left[1 + \frac{(e^{1.901\ 1u} - 1)(e^{1.901\ 1v} - 1)}{e^{1.901\ 1} - 1}\right] \tag{5.5-1}$$

图 5.5-4 给出了由式(5.5-1)得出的二元经验频率与二元理论频率的拟合情况,为直

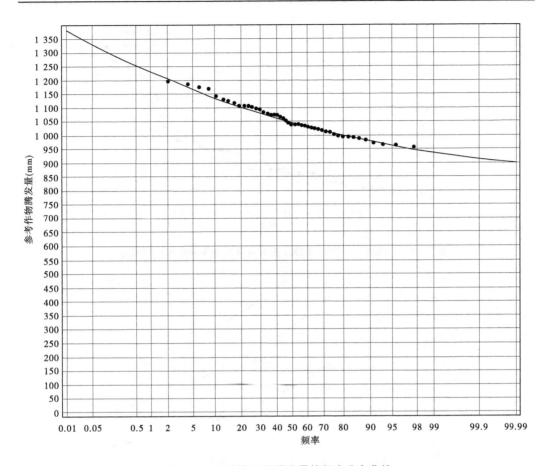

图 5.5-3　年参考作物腾发量的频率分布曲线

观起见,一律按理论频率的升序排列,图中横坐标表示按理论频率升序排列后对应的频率值序号。从图 5.5-4 中可以看出,Frank Copula 得出的理论频率能够较好地与经验频率拟合,其相关系数 R 达 0.97 以上,可见选用 Frank Copula 作为联结函数是合理的,可以用它作为描述卫宁灌区降水量与参考作物腾发量联合分布的概率模型。

5.5.4　降水量与参考作物腾发量的联合重现期分析

设年降水量和年参考作物腾发量的边缘累积分布分别为 $F(x)$ 和 $F(y)$,联合累积分布为 $F(x,y)$,采用联合重现期 T 来表征二者遭遇的风险,定义如下:

$$T_{x,y} = \frac{1}{1 - F(x,y)} \tag{5.5-2}$$

根据图 5.5-2、图 5.5-3 和式(5.5-1)、式(5.5-2)具体计算这两个变量遭遇组合的重现期,结果如图 5.5-5 所示。

从图 5.5-5 中可知,所构建的二元联合分布模型可以给出不同量级降水量和参考作物腾发量遭遇组合的重现期,且同一重现期可以对应不同的量级组合事件,从而可以计算这些组合事件发生超过给定规划指标的风险,进而给出某一重现期对应的某一规划指标下的风险区间。具体地,如以图 5.5-5 为基础依据,选取适宜的典型降水量和参考作物腾

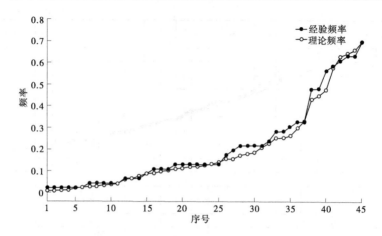

图 5.5-4　降水量和参考作物腾发量联合分布的经验频率和理论频率

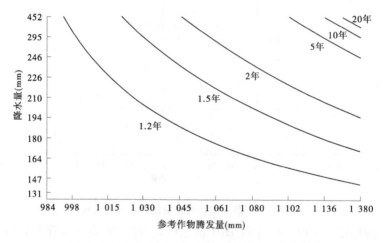

图 5.5-5　降水量和参考作物腾发量的联合重现期等值线

发量过程线,采用同频率放大法,即可给出相应的若干组具有相同重现期的不同设计降水量过程线和设计参考作物腾发量过程线相搭配的灌溉系统自变量配比体系,从而为灌区灌溉规划中降水量和参考作物腾发量条件的选取与概化提供基础的方向性指导。

　　不同的降水频率条件下,同种作物可以利用的有效降水量是不同的。因而,在不同的降水频率条件下,同种作物的灌溉水需求量也是不同的,与之相对应的节水潜力也不相同。作为同一问题的另一个方面,在相同的降水频率下,作为作物需水量计算基础参考值的参考作物腾发量也是不同的,即同样的降水频率下,在有效水量利用值相同的假设下,同种作物的需水量也是不同的,这是现有节水潜力评价方法所未考虑到的变化性的重要驱动因素;降水量和参考作物腾发量是具有天然相关性的、相关系数介于 0~1 的两个随机变量过程,二者之间的联合分布特征是影响作物需水量和降水有效利用量进而影响作物灌溉需水量和农业节水潜力的复合系统变量。因此,有必要在目前常规的不同降水频率这个节水潜力评价基准的基础上,通过构建降水量和参考作物腾发量的联合分布模型来同时考虑二者之间的随机变化,可以为农业节水潜力的定量评估提供一个综合考虑降水量和参考作物腾发量耦合变异情况下的新的描述基准。

5.6　本章小结

　　本章从系统论和风险调控的新角度出发,在指出灌区降水量和参考作物腾发量之间具有天然相关性的基础上,经运用 P－Ⅲ曲线法推求得到二者的频率分布曲线后,运用 Copula 函数方法构建了卫宁灌区降水量和参考作物腾发量年际联合分布模型,给出了不同量级降水量和参考作物腾发量遭遇组合的重现期,从而为灌区灌溉规划中自变量条件的选取与概化提供了指导依据,为灌区干旱风险的定量评估提供了综合考虑降水量和参考作物腾发量耦合变异情况下新的描述基准,同时也为研究 ET 管理的不确定性提供了理论思路和技术支撑。

第 6 章　总结与展望

6.1　总结

本书的主要内容是构建基于 ET 的黄河流域水资源综合管理技术体系,并对其中的若干技术问题进行研究。

所谓 ET 管理,就是以耗水量控制为基础的水资源管理,其实质是在传统水资源管理的需求侧进行更深层次的调控和管理,是立足于水循环全过程的、基于流域或区域空间尺度的、动态的水资源管理。在现代变化环境下,针对水资源短缺日益严重的形势,立足于水文循环,进行以水资源消耗为核心的水资源管理不仅是非常必要的,而且是非常迫切的,是资源性缺水地区加强水资源管理的必然发展趋势。

根据 ET 管理的新理念,从大空间尺度上的流域水资源宏观管理的角度出发,ET 的概念也就从传统的狭义 ET 拓展到了广义 ET,即流域或区域的真实耗水量,它既包括传统的自然 ET,也包括人类的社会经济耗水量(可称之为人工 ET),是参与水文循环全过程的所有水量的实际消耗。据此,广义 ET 包括以下三个组成部分:①传统意义下的 ET,即土壤、水面蒸发以及植被蒸腾;②人类社会在生活、生产中产生的水量蒸发;③工农业生产时,固化在产品中,且被运出本流域或区域的水量(称之为"虚拟水",此部分水量对于本流域或区域而言属于净耗水量)。

本书从实施最严格的水资源管理制度的迫切需求出发,结合黄河流域水资源管理和调度的丰富实践成果,以系统工程方法论为指导,基于水量平衡基本方程,在广泛研读国内外相关文献的基础上,提出了一个融合 ET 管理理念的,由地表水资源管理体系、ET 管理体系和地下水资源管理体系所组成的黄河流域水资源综合管理技术体系,进而对其中所涉及的若干重要问题进行了深入的分析、研究和探讨,取得了丰富的研究成果,具体阐述和总结如下。

(1)分析了黄河流域水资源本底状况,总结了黄河流域水资源现行管理与调度制度运行经验及其不足,进而从水文循环过程的角度出发探讨了黄河流域现行水资源管理与调度制度失效的原因。经认真分析后,本书认为"八七"分水方案形成时由于受当时理论认识水平、水资源管理理念等因素的限制,调控的是黄河的可供地表水量,侧重于河道取水管理,对水资源的循环转化过程及其耗用机制重视不够,缺乏对水资源耗用过程的调控措施;另外,由于区域需水量越来越大,而地表水可供水量有限,且地表水取水许可的管理力度不断加大,黄河流域工农业和生活取水逐渐趋向于主要依靠地下水作为供水水源,使得地下水开采量逐年增加,造成严重超采,尤其在工业和城镇生活用水方面,地下水的利用量增加更为迅速。黄河水资源的本底状况和管理调度的现实情况迫切需要引入水资源管理的新理念和新方法,以"耗水"管理代替"取水"管理,对现行的以"八七"分水方案为主体框架的黄河流域水资源管理体系进行补充和完善,以更好地实施最严格的水资源管理,构建经济社会生态协调发展的和谐社会。

(2)在界定广义水资源概念的基础上,借鉴农田灌溉中的"真实"节水思想,提出了ET 管理的概念、内涵和本质,认为基于 ET 的水资源管理是针对一定范围(流域或区域)内的综合 ET 值与当地的可利用水资源量的对比关系,进行水资源的分配或对 ET 进行控制的管理办法;通过提高水资源的利用效率,减小社会水循环分支系统中不可回收的水量,使同等水分消耗条件下的生产效率得以大幅度提高,从而达到资源性节水的目的;在满足地下水不超采、农民不减收、环境不破坏的条件下进一步合理分配各部门和各行业可利用的水量,通过调整产业结构和应用各种节水新技术、新方法,解决各部门和各行业(包括环境和生态用水)之间的用水竞争问题,达到整个区域的水量平衡。进而,从流域水循环基本方程出发,构建了一个融合 ET 管理理念的黄河流域水资源综合管理技术体系,包括地表水资源管理体系、ET 管理体系、地下水管理体系,并对 ET 管理体系的运作流程和实施 ET 所需解决的若干问题及其可能的解决途径进行了探讨。融合 ET 管理理念的水资源综合管理技术体系的构建从水循环的角度为黄河流域的水资源管理提供了科学支持,使水资源管理从单纯的河川径流管理进入水循环全过程管理,使水资源管理范畴扩大到广义水资源管理的范畴,对完善黄河流域的水资源管理体系具有积极推动作用。从区域干旱风险最小与农业种植结构优化的角度出发,在流域水资源综合管理技术体系的框架下,研究提出灌区尺度上的一个实施 ET 管理体系的典型架构。

由于地下水赋存和运动条件的极端复杂性,黄河流域地下水资源管理体系的构建尚需时日,本着由易到难的原则,从现实需求和技术能力的角度出发,建议今后一段时期的工作以构建 ET 管理技术体系并实现与地表水资源管理体系的耦合为主要目标。

(3)区域 ET 管理的系统环节包括目标 ET 的确定、现状 ET 的估算和现状 ET 的调控这 3 个主体系统环节。在深入探讨 ET 的有效性、有限性和可控性等基本属性的基础上,提出了目标 ET 的定义、内涵及其制定原则,认为区域目标 ET 可以理解为在满足粮食不减产、农民不减收、经济不倒退、生态环境不恶化、兼顾上下游与左右岸用水公平的要求下,流域或区域的可消耗水量;目标 ET 的制定和高效管理必须以当地的水资源现状为基础,以生态经济系统为依托,坚持可持续性、高效性、公平性的原则。依据不同的分类标准,重点分析并构建了区域目标 ET 的分项指标体系,提出了区域目标 ET 的计算路线,具体包括"自上而下、自下而上、评估调整"等 3 个环节,探讨了区域目标 ET 的评估方法和调整原则;之后,讨论了现状 ET 计算的两种途径,阐述了区域现状 ET 调控的原理和理论,进而构架了一个包括建立基于 ET 的水资源管理体系、基于 ET 的水资源管理组织实施体系、加大对节水建设的资金投入等诸多方面的、实施 ET 管理的基本保障措施框架;最后结合引黄平原灌区构建了一个灌区尺度上的 ET 管理体系的典型实施架构,详细探讨了管理运作技术途径与技术方法。

(4)宁夏平原位于黄河中上游,地处内陆,降水稀少,蒸发强烈,水资源的开发利用主要依赖于过境的黄河水,引黄灌溉历史悠久,设计灌溉面积 427 万亩,多年平均实际灌溉面积 580 万亩,是黄河流域水资源耗用大户,且地理地质单元相对封闭和单一,是开展 ET 管理研究的良好区域,同时也是一个典型的"人工—天然"二元复合水循环系统。在人类活动对自然条件和下垫面因素影响日益频繁与剧烈的情形下,实现对二元水循环结构的科学认识是实施 ET 管理以达到高效利用水资源目的的根本前提。在深入探讨与分析平原灌区水循环特点的基础上,构建了平原灌区"人工—天然"二元复合水循环模型,并对宁夏平原灌区 1991~2000 年的分类与综合 ET 进行了计算和分析,为在宁夏平原灌区实施 ET 管理提供了基础和支撑。结果表明:宁夏平原灌区农田 ET 量占综合 ET 量的比例为 66%,是 ET 调控的主要作用对象,多年平均值为 30.8 亿 m^3;多年平均陆面综合 ET 量为 46.5 亿 m^3。

(5)灌区制定灌溉制度的主要依据是降雨量和作物需水量在年际、年内的分配,同时由于实际农田 ET 量的大小受到作物灌溉面积、种植面积和种植结构等因素变动的综合影响,因而作为灌区灌溉制度规划、设计、实施时的基本变量,降水量与参考作物腾发量之间的相互关系值得进行深入探讨。为了对复杂的灌区灌溉系统有更加深入和全面的了解,就必须深入探究影响该系统运行的具有一定相关性的这两个随机变量的联合概率分布特性,对其予以全面考虑、耦合度量。为此,从系统与风险的新角度出发,在利用 FAO-56 Penman-Monteith 公式求得其参考作物腾发量的基础上,运用 Copula 函数方法构建了卫宁灌区年降水量和年参考作物腾发量之间的联合概率分布函数,分析了其联合概率分布特征,给出了其不同重现期的等值线,为进行 ET 管理的不确定性分析提供了理论思路和技术支撑,也为灌区干旱风险以及农业节水潜力的定量评估提供了综合考虑降水量和参考作物腾发量耦合变异情况下新的描述基准。

6.2　研究展望

ET 管理立足于流域或区域水文循环过程,以水资源在其动态转化过程中的主要消耗——蒸发蒸腾为出发点,以生态友好、经济合理、社会可行为约束条件,以提高水资源的利用效率和效益为目标,对传统水资源需求管理是有益的补充,是一种先进的水资源管理理念,同时也是一种新生的水资源管理技术。实施 ET 管理过程中所涉及的影响因素众多且复杂,以"ET 管理"为核心的水资源管理仍处于理念探索和理论研究阶段,而且流域或区域耗水(绝大部分是通过蒸发蒸腾的方式得以实现)的监测和计算过程中存在的客观困难还比较多,特别是对于复杂下垫面条件下,分布式水文模型与遥感反演途径相结合的数据同化技术均存在着众多的不确定性影响因素,在相当程度上制约着蒸发蒸腾量的模拟和计算精度。另外,ET 量与地表引水量、地下取水量以及降水量这几个变量之间耦合关系的定量表述、基于 ET 的管理模式与现状管理模式的结合,ET 定额计算的有效性,ET 控制管理下水价新机制的形成,基于 ET 的水市场,ET 配水的社会认可度,ET 管理的监督与执法等许多问题都需要深入研究和探讨。因此,如何在黄河流域水资源管理与调度实践中科学合理地实施以"ET 管理"为核心的水资源管理,还需要进一步在理论上、方法上、实践上进行长期研究和深入探索。

参考文献

[1] Huang N E, Shen Z, Long S R, et al. The empirical mode decomposition and the Hilbert spectrum for nonlinear and non-stationary time series analysis[J]. Proceedings of the Royal Society A:Mathematical, Physical and Engineering Sciences,1998,454(1971):903-995.

[2] 冯平,丁志宏,韩瑞光,等.基于EMD的降雨径流神经网络预测模型[J].系统工程理论与实践,2009, 29(1):152-158.

[3] Zhang Jinping, Ding Zhihong, Yuan Wenlin, et al. Research on the relationship between rainfall and reference crop evapotranspiration with multi-time scales[J].Paddy and Water Environment,2013,11(1-4): 473-482.

[4] 赵文刚,邢旭光,马孝义.基于EMD方法的土壤入渗空间异质性及其影响因素研究[J].灌溉排水学报,2016,35(3):61-67.

[5] Wu Z, Huang N E. Ensemble empirical mode decomposition:a noise-assisted data analysis method[J]. Advances in Adaptive Data Analysis, 2009, 1(1):1-41.

[6] Flandrin P, Rilling G, Goncalvès P. Empirical mode decomposition as a filter bank[J]. IEEE Signal Process,LETT, 2004, 11(2):112-114.

[7] 王兵,李晓东.基于EEMD分解的欧洲温度序列的多尺度分析[J].北京大学学报(自然科学版), 2011,47(4):627-635.

[8] 安学利,潘罗平,张飞.基于EEMD和近似熵的水电机组摆度去噪方法[J].水力发电学报,2015,34 (4):163-169.

[9] Ouyang Qi,Lu Wenxi,Xin Xin,et al. Monthly rainfall forecasting using EEMD-SVR based on phase-space reconstruction[J].Water Resources Management,2016,30(7):2311-2325.

[10] Yeh J R, Shieh J S, Huang N E. Complementary ensemble empirical mode decomposition:a novel noise enhanced data analysis method[J]. Advances in Adaptive Data Analysis,2010,2(2):135-156.

[11] Torres M E, Colominas M A, Schlotthauer G,et al. A complete ensemble empirical mode decomposition with adaptive noise[J]. Proc.36th IEEE Int. Conf. on Acoust, Speech and Signal Process[A]. ICASSP 2011,Prague,Czech Republic, 2011,125(3):4144-4147.

[12] Navarro X, Poree F, Carrault G. EGG removal in preterm EGG combining empirical mode decomposition and adaptive filtering[J]. Proc. 37th, IEEE Int. Conf. on Acoust, Speech and Signal Process[A].ICASSP 2012,IEEE,2012:661-664.

[13] Han J, Van der Bann M. Empirical mode decomposition for seismic time-frequency analysis[J]. Geophysics,2013,78(2):9-19.

[14] 韩庆阳,孙强,王晓东,等. CEEMDAN去噪在拉曼光谱中的应用研究[J]. 激光与光电子学进展, 2015,52(11):274-280.

[15] Colominas M A, Schlotthauer G, Torres M E. Improved complete ensemble EMD:A suitable for biomedical signal processing[J]. Biomedical Signal Processing and Control,2014,14(11):19-29.

[16] 周婧,程伍群,牛彦群. 区域节水灌溉工程节水效果研究[J].水利水电技术,2010,41(3):75-77,82.

[17] 雷波,刘钰,许迪. 灌区农业灌溉节水潜力估算理论与方法[J]. 农业工程学报,2011,27(1):10-14.

[18] 裴源生,赵勇,张金萍,等. 广义水资源高效利用理论与核算[M]. 郑州:黄河水利出版社,2008.

[19] 汤万龙,钟玉秀,吴涤非,等. 基于 ET 的水资源管理模式探析[J]. 中国农村水利水电,2007,(10):8-10.

[20] 何宏谋,丁志宏,张文鸽. 融合 ET 管理理念的黄河流域水资源综合管理技术体系研究[J]. 水利水电技术,2010,41(11):10-13.

[21] Carrow R N. Drought resistance aspects of turf grasses in the south-east: Evaporation and crop coefficients [J]. Crop Sci,1995,35(6):1685-1690.

[22] 潘全山,韩建国,王培. 五个草地早熟禾品种蒸散量及节水性[J]. 草地学报,2001,9(3):207-212.

[23] 高扬,梁宗锁. 不同土壤水分条件下丹参耗水特征与水分利用率的研究[J]. 西北植物学报,2004,24(12):2221-2227.

[24] 毛振华,王林和,张璐,等. 不同灌溉量下 3 种地被植物耗水特性的研究[J]. 内蒙古林业科技,2011,37(1):18-22.

[25] 郭长城,刘孟雨,陈素英,等. 太行山山前平原农田耗水影响因素与水分利用效率提高的途径[J]. 中国生态农业学报,2004,12(3):55-58.

[26] 刘恩民,张代桥,刘万章,等. 鲁西北平原农田耗水规律与测定方法比较[J]. 水科学进展,2009,20(2):190-196.

[27] 宋振伟,张海林,黄晶,等. 京郊地区主要农作物需水特征与农田水量平衡分析[J]. 农业现代化研究,2009,30(4):461-465.

[28] 尹志芳,欧阳华,徐兴良,等. 拉萨河谷灌丛草原与农田水热平衡及植被水分利用特征[J]. 地理学报,2009,64(3):303-314.

[29] 罗慈兰,叶水根,李黔湘. SWAT 模型在房山区 ET 的模拟研究[J]. 节水灌溉,2008,33(10):47-49.

[30] 彭致功,刘钰,许迪,等. 基于遥感 ET 数据的区域水资源状况及典型农作物耗水分析[J]. 灌溉排水学报,2008,27(6):6-9.

[31] 刘朝顺,施润和,高炜,等. 利用区域遥感 ET 分析山东省地表水分盈亏的研究[J]. 自然资源学报,2010,25(11):1938-1948.

[32] 杨静,王玉萍,王群,等. 非充分灌溉的研究进展及展望[J]. 安徽农业科学,2008,36(8):3301-3303.

[33] 郭松年,丁林,王福霞. 作物调亏灌溉理论与技术研究进展及发展趋势[J]. 中国农村水利水电,2009(8):12-16.

[34] 柴强. 分根交替灌溉技术的研究进展与展望[J]. 中国农业科技导报,2010,12(1):46-51.

[35] 张水龙,冯平. 海河流域地下水资源变化及对生态环境的影响[J]. 水利水电技术,2003,34(9):47-49.

[36] 胡明罡,庞治国,李黔湘. 应用遥感监测 ET 技术实现北京市农业用水的可持续管理[J]. 水利水电技术,2006,37(5):103-106.

[37] 梁薇,刘永朝,沈海新. ET 管理在馆陶县水资源分配中的应用[J]. 海河水利,2007,26(2):52-54.

[38] 赵瑞霞,李娜. 基于 ET 管理的水资源供耗分析——以河北省临漳县为例[J]. 海河水利,2007,26(4):44-46.

[39] 王浩,杨贵羽,贾仰文,等. 基于区域 ET 结构的黄河流域土壤水资源消耗效用研究[J]. 中国科学(D 辑:地球科学),2007,37(12):1643-1652.

[40] 王晓燕,杨翠巧,谷媛媛,等. 基于 ET 技术的水权分配[J]. 地下水,2008,30(5):58-61.

[41] 蒋云钟,赵红莉,甘治国,等. 基于蒸腾蒸发量指标的水资源合理配置方法[J]. 水利学报,2008,39(6):720-725.

[42] 殷会娟,张银华,李伟佩,等. 基于 ET 的水权转让内涵探析[J]. 人民黄河,2009,31(3):12-13.

[43] 王晶,袁刚,王金梁,等. ET管理在节水措施中的应用[J]. 水科学与工程技术,2009,16(1):33-36.

[44] 李京善,苗慧英,王建伟,等. ET管理在农业用水规划中的应用[J]. 南水北调与水利科技,2009,7(3):74-76.

[45] 王浩,杨贵羽,贾仰文,等. 以黄河流域土壤水资源为例说明以"ET管理"为核心的现代水资源管理的必要性和可行性[J]. 中国科学(E辑:技术科学),2009,39(10):169-1701.

[46] 魏飒,郭永晨,蔡作陆,等. 基于ET管理的土地整理水资源供需平衡分析——以河北省魏县车往镇基本农田土地整理项目为例[J]. 中国农村水利水电,2010,35(5):36-38,41.

[47] 雷晓辉,蒋云钟,王浩,等. 分布式水文模型EasyDHM[M]. 北京:中国水利水电出版社,2010.

[48] 裴源生,张金萍,赵勇. 宁夏灌区节水潜力的研究[J]. 水利学报,2007,38(2):239-249.

[49] 王浩,杨贵羽. 二元水循环条件下水资源管理理念的初步探索[J]. 自然杂志,2010,3(2):130-133.

[50] 任建民,忤彦卿,贡力. 人类活动对内陆河石羊河流域水资源转化的影响[J]. 干旱区资源与环境,2007,21(8):7-11.

[51] 杨霞. 水文下垫面对河川径流的影响分析[J]. 水资源与水工程学报,2008,19(1):100-103.

[52] 韩瑞光,冯平. 流域下垫面变化对洪水径流影响的研究[J]. 干旱区资源与环境,2010,24(8):27-30.

[53] 肖培青,姚文艺,牛光辉,等. 不同下垫面条件下坡面蓄水保土效益实验研究[J]. 水土保持学报,2010,24(1):65-68.

[54] 魏一鸣. 应对气候变化——能源与社会经济协调发展[M]. 北京:中国环境科学出版社,2010.

[55] Nelson R B.An introduction to Copulas[M]. Springer:New York,1999.

[56] Zhang L, Singh V P. Bivariate flood frequency analysis using the copula method[J]. Journal of Hydrologic Engineering,2006,11(2):150-164.

[57] 肖义. 基于Copula函数的多变量水文分析计算方法[D].武汉:武汉大学,2007.

[58] Zhang L. Multivariate hydrological frequency analysis and risk mapping[D]. Ph. D Dissertation, Department of Civil and Environment Engineering, Louisiana State University,USA,2005.

[59] Genest C, Rivest L. Statistical inference procedures for bivariate[J]. Journal of American Statistical Association, 1993, 88(423):1034-1043.

[60] Allen R G, Pereira L S, Raes D, et al. Crop evapot ranspiration:Guidelines for Computing Crop Water Requirements[M]. Rome:United Nations FAO, 1998.

[61] 张学英,包淑萍,冯平秀. 卫宁灌区地下水动态规律及影响分析[J]. 水资源与水工程学报,2007,18(6):103-105.

[62] 黄建成. 宁夏卫宁灌区耕地土壤盐渍化现状及治理[J]. 宁夏农林科技,2006,40(6):6-7.